赫柏文丛

日常生活的现象学

The Phenomenology of Daily Life

黄旺 著

上海社会科学院出版社
SHANGHAI ACADEMY OF SOCIAL SCIENCES PRESS

致读者

呈现在读者面前的这本书，是两种不同动机诡异结合的产物：第一，它是一本试图向一般读者说话，让哲学和现象学的门外汉也能看明白的书，这里没有太多需要学术背景才能明白的哲学术语。当它使用概念时，也尽量使概念的意义与人们日常所理解的意思接近。第二，它是一本并不只是去为大众科普的书，而是试图从事一些真正的、原本意义上的研究工作。当然，这种研究显然并不符合当前学术工业的要求和趣味。它也并非意味着这里的研究都是原创性的，而只是说，笔者试图自己去面对问题，并且在前人所给予的眼光的基础上去尝试回答这些问题。今天，能够将这两种近乎相反的动机结合在一起的，恐怕只有少数学科，比如哲学。

上述动机缘起于如下事实：哲学在当下已经与生活、大众越来越遥远了。如今，大多数人文思想都寄生于现代教育机构和学术体系的身体中。这带来一种巨大而又为人所忽视的变化：思想寄居的身体改变了思想本身，学术权力的形态塑造了学术的形态。思想和思想寄居的身体是彼此交融不可分割的。假设将灵魂从一具身体置换到另一具身体中，而灵魂自身不发生改变，是不可思议的。因为我们总是通过身体的窗户去看世界，依靠身体欲望的驱动去思想，所以，我们的意识从身体中萌生，如同菌丝从营养基中长出。这在哲学学科中就体现为，哲学从业者厕身于大学院系，以期刊和课题的指挥棒去引导他们思考的方向。这使得哲学成为现代学科体系中的一门壁垒森严的专业，用专门而艰深的术语探讨着普通读者无从置喙的问题。且一旦这种学术权力架构形成，为了保卫它的利益和延续它的存在，它就要重复和再生产自身。

但是，哲学最初是对生活的反思，哲学从一开始就致力于对生活的省察，致力于探讨生命的更多可能性。因此，今天哲学如要保持真正的生命力，就必须既返回日常生活，同时又服务于日常生活。这就是说，它不能埋头在无数的经典著作里面叠床架屋，不能在无数概念的抽象思辨中自我迷失，而是要总是"面向事情本身""返回生活世界"。而这两句口号，恰好正是哲学中所谓"现象学"流派的口号。

那么，什么是现象学？严格来说，并没有什么现象学流派，而只有现象学方法，一种声称是直观和描述的方法。这种工作方法自古希腊起，就被人们无意识地、不严格地使用。例如，亚里士多德就可以说是卓越的现象学家，只是到了胡塞尔，现象学才成为一种明确而自觉的意识。粗略来说，这种工作方法，就是为了要理解世界，它首先要去看世界是如何原初地向人呈现和构造的。也就是说，通过反思性的直观，去看事物是如何在我们的意识中呈现和构造起来，然后去描述这种呈现及其呈现方式，以及去还原这种构造过程。坦白来说，依此标准，我们目前已有的大量现象学研究是反现象学的。如今的现象学界存在十分严重的"经院化"倾向，研究者不是去面向事情本身进行直观、描述和分析，而是单纯梳理、解析现象学经典文本。现象学研究成为纯粹哲学史乃至语文学的研究。

考虑到笔者的第一个写作动机，有必要再稍微地说明一下这种方法的特点，以消除一般读者可能会有的歧义。以笔者的理解，现象学所做的工作无非是直观、描述、分析，但这三个词与平常的意思都有所不同。首先，这种方法是面向事情本身的直观，而不是直接从概念到概念。但它的看不是日常的看，它与其说看向对象，不如说是反思性地看向对象的呈现和构造。例如，如果我们现象学地去看杯子，那么我们不是如喝水的人、生产杯子的工人或贩卖杯子的商人那样去看杯子，毋宁说我们是去看杯子如何在我们意识中呈现出来和被原初构造为一个杯子。于是，这种看是一种意识中的看，而且它看到的不是这个或那个特定的杯子，而只是将这个杯子视作"范例"，从中看出了杯子之为杯子的显现和构造的可能性（"本质"）。这是一种十分独特和吸引人的方法。据说有一次雷蒙·阿隆和萨特在酒吧喝酒，阿隆说，一个现象学家只要面对这个鸡尾酒，就能从中搞出哲学来；萨特听后激动得脸色发白，因为他感觉这正是他梦寐以求的哲学。这种方法之所以富有魅力，是因为它把黑格尔"越具体的东西越丰富"的思想直接实现了出来：它能从一切最基础、最简单现象的观看中，看出和展开出最一般的可能性和无限的丰富性。

其次，这种方法是对直观的描述。因为现象学直观与日常不同，所以现象学的描述也不同于一般的描述，不同于例如一个讲故事的人描述风景，或朋友向你描述他的家。因为并没有现成的现象摆在那里等待现象学家去"描述"，好像打开抽屉就能看到里面的东西。你必须"第一次"看到那个现象,然后才能去描述它。描述"杯子"不是去写道:"这里有一只蓝色的、光洁无暇的高脚杯",而是去注意和描述杯子在意识结构中的呈现和呈现方式,借此去看出某种新本质,例如:有人从中看到了科学的一般认识方式,有人看到了物的无限性和不透明性,有人看到了观察者的偏见对事物呈现的影响,有人看到了享受的目的和劳作手段之间的延迟结构,有人看到了容器的空所揭示的天地神人的聚集,如此等等。在这里,当现象学家工作时,他描述的总是人们从未描述过的东西,正如他看到的也总是别人没有看到的东西。我们甚至会发现,当伟大作品让我们看到了我们在习以为常的世界中从未看出的东西时,这些作家如同现象学家那样在工作:他第一次揭示了一种现象的呈现,并且将之描述给了我们。例如,普鲁斯特对时间经验和一些日常现象的描述,就有着现象学家的敏锐。

最后,这种描述的过程,同时也是分析的过程。因为直观的东西要通过描述呈现出来,必须借助语言,只有通过语言(逻各斯)才能让现象开口说话,呈现出来。即使"这是一个杯子"这样的描述,同时也是一种语言的分析工作:它通过"杯子"这个概念,让这团色块呈现为一个具有意义规定性的对象,它将这团色块与背景、与观察者分离出来,从而确立了主体和客体分离的对象性思维方式,由此才能够说"这是""一个",如此等等。语言的分析在这里从事的是一种"争辩"的工作,它通过语言的分析将那沉默不语的现象争夺过来,让它呈现在语言理解的目光下。当然,这种"争辩"也存在于不同的描述者之间,因为不同描述者所采取的视角不同,借以观看的身体视域(眼光)也不同,所以看到的东西也不尽相同，因此，这种争辩有利于事物更准确全面地被看到和被呈现。严格来说，直观、描述、分析不是三个环节，而是本质上合而为一的过程。

以上粗浅的介绍当然谈不上对现象学方法的严格说明。但真正理解和掌握现象学方法，更重要的其实是去看现象学家的实际工作，并且跟着他们一起去工作。阅读关于方法的说明，如同一个木匠听师傅的理论讲解，远不如看师傅的实际动手实在。如果我们去看看胡塞尔对音乐旋律、模特雕像的直观和描述；海德格尔对劳动、用具、情绪的描述；舍勒对爱、同情、怨恨的描述；萨特对偷窥和羞愧的描述；等等，我们就会对这种方法有更切身的体会。

也正是基于经典现象学家们的工作榜样，本着胡塞尔的口号：不要大钞票，而要小零钱，本书试图对日常生活的各种具体现象展开直接的现象学的描述分析，借此帮助我们重新去省察、理解、反思我们的生活。具体来说，这个工作有两个目标：第一，它试图去理解和反思我们的日常生活。我们过我们的生活，犹如一个人骑在一头他既不理解也很难驾驭的庞然大物背上。我们的生活对我们来说是不透明的。当你去做一件事情，你常常并不理解你为什么做它，甚至会奇怪自己为何会有这种举动，即使是你有意识去做的事情，这个行为也有着远超出你的目的和意义的丰富性。我们的身体对我们保持为不透明，它常常背叛我们的思想。自我是一个深渊和秘密，我们的反思只能有限地照亮它的一小部分。尼采就曾经这样感叹："人类对自己真正而言有何了解？它能够像被暴露在明亮的陈列柜中那样全面如其所是地感知自己吗？自然不是向他掩藏大部分的事物吗？"生活中的行动本身是奥秘的现象,即便最简单的行动也不能在现象学分析的反思中被穷尽。我们每个人都拥有一大笔我们并不能支配它的财富,我们拥有它,但并不知道自己拥有它,并且我们常常反过来被它所支配。自我意识和反思,更像是被幽居深宫不能巡视其领地的国王,他富有权柄,却很难避免被人摆弄的命运。现象学对生活的反思能够带领我们巡视我们的领地,检视和运用我们所拥有的财富。我们越反思,我们就能对自己、对生活有更深入的理解,这种理解有助于我们摆脱生活的盲目性,学会更自觉地去行动。未经省察的生活之所以不值一过,是因为这种生活使人如动物一样听凭本能的摆布,所以杜兰特说:"真理也许不会使我们发财,但能让我们自由。"

第二,它在此基础上试图对我们的生活展开批判。在马克思看来,哲学的工作就是批判的工作,这种批判力图揭示出我们生活被异化的病症,从而帮助我们去探索更美好、更健康生活的可能性。生活之所以是生活,是因为它具有可以以不同方式生活的可能性,人总是可以去重新开启一个新的开端,一个新的序列:不,虽然环境如此逼迫我,但我仍可以不这样生活,我可以重新开始。生活按其本义乃是诞生和创生,它意味着我们在面对自然、他人、社会时,可以采取自由的操作;可以这样对待它,也可以那样对待它。动物即便有意识,其意识也十分微弱,以至于它们几乎被世界完全压倒,没有能力对之采取自由的操作。因此,海德格尔说,石头没有世界,动物贫乏于世界,只有人建构一个世界。当我们能够对之采取不同操作时,生活和世界就呈现出不同的面貌。但是,生活的自我重复和自我强化,以及大众反思和批判能力的缺乏,往往使人们对甚至最荒谬、最不公的现象都熟视无睹习以为常，甚至还为它辩护。我们倾向于把"一贯如此"的生活理解为"就该如此"。我们忘记人不同于动物，人可以对世界展开自由的操作：人可以想象一种不一样的生活、更好的生活，并且还能用双手将这个虚构的世界转变为现实。关于生活和世界的描述，既涉及实然的问题（是怎样的），也涉及应然的问题（应该是怎样的）。这就向哲学工作者颁布了批判的任务。

基于上述考量，本书不进行现象学文献的讨论，虽然它总是以对大量现象学经典的研读为基础，借助了它们的现象学之眼。它最终是致力于亲身对具体"实情"做自己的现象学观察与描述，也邀请读者一起这样做。它尽可能不使用现象学术语，而是使用日常语言，但它力图将新的光线下投射在那些司空见惯的现象上。就此而言，就像人们曾指出的，那些不使用现象学术语的作者，可能是更卓越的现象学家，例如亚里士多德、克尔凯郭尔、尼采、陀思妥耶夫斯基、普鲁斯特，等等。当然，放弃术语也有弊端，如果想要更准确精细地展开分析，就有必要启用和构造一些术语，因为只有被严格界定的概念才有助于我们做更复杂的思辨，搭建更高的理论大厦。正因为这个弊端，所以笔者的所有分析都没有详尽地展开。所幸的是，理论创建本来也并非本书的企图。

正如笔者总是一度受经典现象学家引领着去看，我们也希望本书读者和我们一起，去观看和反思我们的生活，然后我们可以相互对话，彼此发现。就像有人指着暗处对你说，你看，那里有一只兔子，于是你顺着别人的指示和描述，也看到了那只兔子，甚至与那人相比看到了不同的东西和更多的东西，虽然在此之前，你可能看过很多次却从来没注意到它。开启现象学之眼，打开一个新的世界，能亲自看到新东西，并且能和别人去讨论它，是一种无与伦比的乐趣。希望读者们能够和本书一起去发现和享受这种乐趣,尽管这需要付出一定艰辛。毕竟,胡塞尔曾说,现象学的直观和描述,不是一件睁眼就可办到的小事。

目 录

内　篇：直接的自然　　　　　　　　　1

事物是什么：元素、用具、记忆载体　　3
诞生与死亡　　　　　　　　　　　　19
生命与游戏　　　　　　　　　　　　33
时间的经验　　　　　　　　　　　　47
直观、直觉与同情　　　　　　　　　57
爱、理解与宽恕　　　　　　　　　　69
速度与遗忘　　　　　　　　　　　　81
遗忘与幸福　　　　　　　　　　　　89
疯癫与陌生经验　　　　　　　　　　103
自我的谜团　　　　　　　　　　　　109
自我：孤独与友谊　　　　　　　　　121
思与生命　　　　　　　　　　　　　129
观察、想象与记忆　　　　　　　　　135
闲　暇　　　　　　　　　　　　　　143
灵感的造访　　　　　　　　　　　　149

外　篇：中介的精神　　　　　　　　　　**159**

　　事件、故事和意义　　　　　　　　　**161**

　　语言：内与外　　　　　　　　　　　**177**

　　语言：可说与不可说　　　　　　　　**191**

　　对话与倾听　　　　　　　　　　　　**195**

　　旅行、阅读和写作的意义　　　　　　**203**

　　家：不安与自得　　　　　　　　　　**219**

　　节日与仪式　　　　　　　　　　　　**233**

　　痛苦、哀悼和葬礼　　　　　　　　　**243**

　　倾听语词的秘密：词源学　　　　　　**253**

　　教育和洗脑　　　　　　　　　　　　**263**

　　常识与逻辑　　　　　　　　　　　　**269**

　　传记的意义　　　　　　　　　　　　**277**

断　章　　　　　　　　　　　　　　　　**281**

内 篇

直接的自然

事物是什么：元素、用具、记忆载体

人们每天都在和各种各样的事物打交道，这些事物在受人们支配时，也在支配着人们。例如，我眼前的电脑是物，旁边的手机是物，我所处的房间和桌子是物，我起身去喝水的杯子和水是物，我抬头看窗外，窗外绿色的树和广告牌也是物。我们生活在物组成的世界中，但我们和物有着不同的关系，而这些不同的关系也组建着我们。

我们和事物的最初关系，是把事物当作享受的对象，因此，在上面列举的这些事物中，"水"是人最直接和最首要的物。我们知道，原始人最初是采集文明和狩猎文明，后来才发展到农耕文明。对于最初的采集和狩猎文明来说，物首先是作为能够滋养我、供我享用，给我带来快乐的物（空气、水、火、风、果实、动物血肉），原始人与事物处于直接的关系当中。按照列维纳斯的分析，这些物本质上是作为元素而存在的。对于原始人来说，物就是直接享用的对象，凡不能带来直接享受的事物，将被他们无视。但对于农耕文明来说，不再只有作为直接享用对象的物，还有一类作为工具而存在的事物。对于人来说，工具（锄头、刀斧）不是可食用的，而是获得可食用之物的手段，它本质上具有"为了作……用"的结构，具有"可预期性"。从前，人与物处于直接的目的关系中，现在人开始在其中楔入了一个中介物：作为手段的用具。在这个意义上说，把学会使用工具作为人的定义是极为深刻的。通过使用工具，人开始拉开了与事物的直接关系，开始与事物建立起劳动、语言、时间的关系。人开始打量事物、谋划事物，开始将事物保持在记忆关联中，并且开始展望将来（例如，预想耕作之物的成熟并筹划它的时间），在这里，一切事物成为可回忆和可预期的事物。

对于最初的采集者和狩猎者而言，他们的行为沉浸在当下，他们没有将过去和未来纳入当下的意识之中，因此他们还没有时间，或者说他们拥有的是"醉生梦死"（今朝有酒今朝醉）的时间。他们有享受的时候享受，没有享受的时候受苦，仅此而已。无论在享受中还是受苦中，他都是一个绝对的被动者。据说，在残酷战场上的战士有着类似的时间体验，他们因为没有明天，所以他们也没有了时间，他们的时间变成了无数瞬间的颗粒，当下的瞬间占据了他们全部的注意力。我们知道，醉的意识就是无时间的意识，因为醉沉浸在当下的元素的直接享受之中，在醉的时候我们只有当下的感受而忘记了世界。用海德格尔的话来说，当人把事物当作用具的时候，人们才拥有了"世界"（动物没有世界，动物处于与事物的直接性关系中），以及同时，人们才拥有了"时间"。拥有"世界"和拥有"时间"是同一回事。当人在醉的时候，在醉生梦死般的蹦迪狂欢的时候，人是在模仿返古退行的快乐，即在纯粹享受当下元素所带来的快乐；在那一刻，他感觉自己忘记了时间，忘记整个世界，因而忘记了所有烦恼。是的，时间＝世界＝烦恼/操心

（Sorge）= 人（此在），这是海德格尔为我们建立的严格的等式。

儿童是对原始人的重复。儿童最初也是没有时间意识和手段－目的意识的。儿童渴望母乳，但儿童不会通过啼哭来获得母乳，啼哭只是他痛苦的直接表达。他有奶吃的时候快乐，没有奶吃的时候痛苦，仅此而已，他从不烦恼。儿童只有在长大成人后才烦恼，当他学会烦恼时，他才长大了，因为人就是烦恼／操心的同义词。人们教会孩子的第一件事，就是让他学会为了一个目的去做另一件他不愿去做的事，这帮助他克服了痛苦，但开启了他的烦恼之源。为了得到母乳，他要学会叫妈妈；为了得到温暖，他要先把左手钻进左袖子里，再把右手钻进右袖子里，再把头钻出来，这太可怕了。当孩子看到母乳或糖果时，他就直接地、不顾一切地索求它，大人们教会他们忍耐和等待，这开启了烦恼之源。人们要求孩子学会"延迟满足"：如果你要获得当下直接的满足，你就只能得到一颗糖果，如果你现在忍耐你的欲望，你就可以在明天获得两颗糖果，当孩子懂得"明天"这个词时，就开启了烦恼之源。在古希腊神话中，潘多拉魔盒中装着的可怕魔鬼之一就是希望。学会使用工具的人是心机深沉的动物，他们不仅拥有可怕的希望，还拥有可怕的记忆，就像尼采说的，人类是怨恨记仇的动物，无能于遗忘，他们不能得到动物般遗忘的幸福，他们消化不良，胃里面装满了石块，被记忆的痛苦锁链拖住。"生年不满百，常怀千岁忧"就是人的写照。

当原始人或儿童享受事物带来的元素的满足时，他生活在一个不确定的世界中，他任凭世界的摆布，他的享受随时有中断的危险，他无法控制它。他随时会死亡，但他不知道自己的死亡，死亡外在于他，只有有时间和有"烦恼"的人才"有"死亡。为了能够支配享受，为了享受的最大化，人们发明了工具，开始了劳动。劳动、工作具有两个特点：第一，它的目的是为了享受的最大化，人们辛苦挣钱，是为了享受花钱的快乐。如果不是为了最大化和更便利地享受，人们不会从采集狩猎转向辛苦的耕作；第二，劳作本身只是达到这个目的的手段，它自身并没有意义，不是他所意愿的。劳作第一次迫使人去做他不愿做的事情——只是在后来，在更高阶段，人才能在劳动中体会到创造的快乐，才学会把劳动本身当作目的而不只是手段，将劳动视作幸福的源泉。当人学会使用工具劳动时，人相当于和魔鬼做了一个交易，用忍受劳作的烦恼为代价，换取了痛苦的减少和享受的增加，例如为了获得更多的食物享受，他要忍受照料庄稼的烦恼。但人在这个交易中失算了，因为最终他使手段压倒了目的，他在手段中耗费了一生大部分的心神和光阴，这使得他通过烦恼只是得到了"财富"的增加，而没有得到"享受"的增加。

在今天，成为成功的"人"，不是得到了更多的快乐，而只是得到了更多的金钱。相对于懂得享受风、水、火、果实和动物血肉等元素而满足的儿童和原始人来说，今天即便最节俭的现代人也是一个守财奴。每一个现代人都可以问一问自己，为了获得享受的最大化，我们需要这么长久地劳作吗？需要如此多的财富吗？为了享受而需要的东西是很少的，所需要的财富是很少的，因为人最重要和大部分的享受需要的主要是闲暇，以及一点点的物质财富。《福音书》劝导人们："不要为生命忧虑吃什么，喝什么，为身体忧虑穿什么。生命不胜于饮食吗？

身体不胜于衣裳吗？你们看那天上的飞鸟，也不种，也不收，也不积蓄在仓里，你们的天父尚且养活它。你们不比飞鸟贵重得多吗？"

海德格尔说，只有人有世界，只有人生活在器具组成的世界里，这些器具建立了目的—手段的指引联系。但这难道不是人最大的异化和"世界"的最大异化吗？人忘记了事物首先是作为元素的物，作为享受的对象。就像我们的自然被异化了的用具填满了一样，我们的时间也被劳作的苦役填满。为了得到2小时的享受，人们付出8小时的劳作，为了得到2天的享受，人们付出5天的劳作，为了得到退休的享受，人们付出大半辈子的劳作，在原始人和儿童看来，没有比这更愚蠢的了。本来我们是想以少量的烦恼为代价，而获得最大限度的享受，但现在精明的现代人却干起了赔本买卖：我们付出了巨大的烦恼，只得到了微小的快乐。这是因为，人们不仅把享受的时间异化为劳作的时间，而且也把事物的享受本身异化为"消费"。消费制造了虚幻的欲望，消费的本质特点是"只买贵的，不买对的"——因为资本的本质是赚取最大利润，而不是让消费者以最廉价的方式（以最少劳作为代价）获得最大快乐。消费使人需要用大量的金钱才能得到一点点的享受。本来，大部分的享受都可以是免费的，或只需要闲暇和很少的金钱，但消费的竞价使我们需要付出加倍的辛劳，所以人们才感叹说，"挣钱犹如针挑土，花钱犹如水冲沙"。人们常说这个时代是追求享乐的时代，在我看来，倒不如说这个时代是最不会享受的时代。享受是一项高级的艺术。

今天，做一个人，就意味着去做一个功利主义者，反对功利主义会使他失去人之为人的资格,退化为动物、原始人和孩童。因为做一个人,就是去学会劳动,通过使用工具以使快乐和享受最大化。但功利主义最后成为悖谬:人们为了追求最大的快乐,结果把自己陷入了最不快乐的境地。

此外,为了筹划和支配劳动对象,人们必须理解对象。于是诞生了语言。直接享受的人是不需要语言的,劳动者才需要语言。"人生识字忧患始"。当人学会语言,品尝了智慧之树的果实后,人就被逐出了无忧无虑的伊甸园,烦恼就开启了。海德格尔是对的,他说,客观知识的基础是人"在世界之中存在"。人把锤子作为"现成在手"的认识对象去把握,其生存论基础是人必须首先把锤子作为"当下上手"的工具去使用。事物作为用具,是事物作为科学的认识对象的基础,只是在用具出了故障时,我们才中断劳动,去凝视和研究这个认识对象。

于是,从享受与事物的关系,到劳动与事物的关系,再到认识与事物的关系,就完成了三次跳跃。它们都是对事物的占有,但性质不同。享受占有事物,是一种独特的、不可替代和交换的占有。对于享受者来说,梨的滋味和苹果的滋味各自是独特的,苹果的滋味永远也替代不了梨的滋味,在它们之间无法建立交换关系。享受者吮吸着事物,消耗它们,把它们转化为自身的一部分,并且因此感到满足。享受者/受苦者不建立持存的东西,他们不需要家园,他们只是消耗。阿伦特说,"劳动"不建造一个世界,而是用以满足生命的直接需求和消耗,只有"工作"才建立持存性,建立一个世界。这可能并不准确。阿伦特对劳动描述可能更适合用于描述享受，而她对工作的描述可能也适用于劳动。她所确立的劳动和工作的区分是可疑的。当人以劳动来满足直接需求时，他同时就制造工具、建造房屋、改变自然，使自然转变为适合于他居住的世界，满足享受是劳动的一个目的，但为了这个目的而采用的手段，已经使劳动区别于享受本身了，已经使劳动转变为阿伦特所说的工作（制作）。

劳动则不同，劳动对事物的占有，是对事物的一种改造，是使事物变得顺手，变得合乎他的心意。在这种改造中，一方面事物保持着自然的属性，另一方面它又被人化了，变得"顺从"于人。这就是说，一方面事物不再是原始朴素的状态，另一方面它又还没有完全被转化为"文化物""观念物"，没有转化为对人来说透明的语言和概念，器具对人来说还保持着抵抗性。因此，享受的事物被列维纳斯描述为秘密的，它具有一种秘密的内在性，并且凭借这种秘密的内在性，它使每个人成为一个秘密、孤独、彼此分离的存在者。"如果你想知道梨子的滋味，你必须要亲自尝一尝。"所以，享受是绝对不可交换的、非经济的。不仅我的感受没有任何人可以替代，而且我自己也无法用一种享受代替另一种享受，这里不存在什么"共通感"，共通感是语言出现之后才有的东西。对于享受者而言，每个人都封闭在自己的秘密内在性中，都是伟大的孤独者。但劳动不同，劳动可以说建立了一种有限的交换关系：物物交换关系。对于劳动者来说，梨的滋味和苹果的滋味是可以计算和交换的，因为在他筹划的时候，他就想，这片土地我要种多少梨树和苹果树。如果我想吃更多的苹果，我就需要拿相应的梨去交换。但在劳动的有限交换中，一切还没有普遍化，因为它始终参照该劳动者自身的享受趣味，因为劳动的目的是为了享受。这时候普遍性的商品和货币还没有诞生，不可交换的"具体劳动"还没有转化为普遍的"抽象劳动"。这就是说，如果我更喜欢苹果，那么十个梨也不等于一个苹果。交换的"锚"还被系在每个独特的、秘密的、追求享受的身体上，而不是系在无身体的纯粹经济和普遍理性上。

而在语言和认识对事物的占有中，事物被普遍化和透明化了，事物转变为能指符号，能够进行等价交换的能指符号，它从自然物转化成了完全的文化物、观念物，转化为了"本质"。于是，人类跨进了商品时代、货币时代。在商品和货币社会中，任何一个事物作为商品，都凝结了"无差别"的人类劳动，这种抽象劳动使不同的事物作为商品是可交换的、等价的。货币抹除了事物的独特性，建立起了它们的共通性。同样，理性、语言、认识把所有事物都转变成了观念，这种观念抹除了事物对于不同人的独特性，将其变成了抽象的意义，从而在意义之间建立了等价交换关系。在理性的世界中，语言就是货币。如果你翻开一本字典，你会看到，任何一个词语都有一个解释，这些解释就是这个词的等价交换物。我们用一个能指去交换另一个能指，用一个所指去交换另一个所指。语言、理性都是公共的、单数的、可交换的。字典上的一个词就像一个印行的法定货币，你可以用，别人也可以用。钱是匿名的，语言也是匿名的。所以，如果锤子变成了作为观念的"锤子"，那么它对任何人来说都是同一的东西。尽管你的锤子不同于我的锤子，你的锤子更旧一些，是老一辈留下的纪念，但就它们作为观念的"锤子"来说，它们是同一的、可交换的。就像它们都凝聚了无差别人类劳动，因而在经济上可交换一样，对你有纪念意义的锤子在语义市场上并不能值更多的钱。当我说锤子的时候，别人也完全能够理解它。它在不同的心灵之间建立了共通性，于是就有了"共通感"和"公共的心灵"。当你在阅读一段我写的话时，你理解了我的思想，那么你的思想和我的思想之间就建立了共通性，它不像你的享受和我的享受那样无法共通，不像梨的滋味和苹果的滋味那样不可交换。对于一个思维着的理性而言，没有秘密，只有无人称的单数。一个纯粹理性者和另一个纯粹理性者之间没什么好聊的，因为他们是同一的。对于理性和语言来说，事物的独特性消失了，变成可以交换的含义和金钱的价值。

在过去，在直接的享受者/受苦者那里，每个人都是伟大的孤独者，一切不可言说。在今天，在这个货币的拜金时代和话语喧嚣的语言时代，大家都是俗人，都是说同样的话的文明人，彼此十分相似也十分了解，所有人都"吞食"同样的东西，因而也思考着相同的东西、产出相同的东西。当你在课堂上提问时，或者当你布置一个小论文时，你会惊讶地发现，学生们有着同样的思想、同样贫乏的思想，它们就像是一个大脑思考出来的。这让你深刻体会到，理性是单数的，一个理性存在者和另一个理性存在者之间没什么好聊的，你和无数人说话，就好像在和同一个人讲话，你听到的是同一个声音的无数回声。

但这里的问题不在于劳动本身，而在于今天的劳动者在劳作的时候让手段压倒了目的，将一切都变成了苦役；这里的问题也不在于理性、语言和认识，而在于今天它被人们从享受

11

和劳动那里抽象出来了，被异化为普遍的理性、无肉身的语言和脱离了感性生活世界的认识，简言之，启蒙式的理性。劳作的目的本来是指向享受，而理性、语言和认识本来是从每个拥有秘密的肉身存在者那里汲取营养的。语言不是凭空产生的，语言植根于每个人对生活的感受，因此语言有可交换的一面，但这种可交换是以不可交换的另一面（秘密体验）为基础的，仅仅因为人们把语词所关联的独特生命体验剥离了，语词才成为完全普遍的。例如我们知道，诗歌中的语词就不是普遍的，就不是可交换的。诗句中的任何一个词都闪烁着独特的光辉，将它从诗句中拿走，它就变成了另一个东西。诗句中的词义不能在字典上找到。

这就像商品和货币的交换系统也要以不可交换的具体劳动及其价值创造为基础。马克思说，交换本身不会产生价值，买卖只是等价交换，因此它只是在内部流动中进行价值的转换，而本身不会创造价值。创造剩余价值的唯一源泉来自作为可变资本的劳动：劳动能创造比维持自身的再生产更多的价值。一个劳动者的劳动，除了能生产维持这个生产所需要的消耗外，还能生产比这更多的产品。同样，一门语言如果不是从感性生活中汲取营养，这门语言就不会更新，就不会创造新的概念、新的意义，就会成为死的语言。那个滋养语言的东西本身不是语言，那个创造金钱的东西本身不是金钱。

最后，当事物不再只是自然物，而是也作为人造物时，事物也就从元素、工具转变为了记忆载体、记忆的工具。自然物被打上了人类活动的烙印，留下了人的行为的印迹后，这个物就转化为文化物；文化物在承担一般事物的功能外，还是记忆的承载者，并且成为人类发展的基石。例如，一把锄头不仅是劳动的工具，而且也是农耕文明的记忆载体，在从事生产外还承担了文明传承的功能。建筑不仅是遮风避雨的居住场所，它也是人的文化观念的沉淀，是人的思想的外化。但我们不是想重复卡西尔关于世界作为文化和符号世界的说法，而是想进一步指出，正是因为事物作为记忆痕迹，才避免了人类世界不断被创建而又不断被摧毁的命运，同时它也把人类的时间从个体的时间扩展为历史的时间和共同体的时间。我们可以区分两种人类痕迹：一种是专门的记忆之物或书写之物，它的存在就承担了文明传承的重任，如书籍、博物馆、纪念碑。正如高尔基的名言说的，书籍是人类进步的阶梯。如果只有劳动工具而没有记忆工具，那么我们就封闭在个体时间中，无法扩展和建立大跨度的历史时间，我们所建立的世界也会被一再地摧毁。另一种是作为记忆工具的劳动工具，如我们说的锄头、房子、广告牌等。一切对自然所施加的人为的改变，都同时具有了记忆工具的职能，它们比专门的记忆工具更常见，影响也更为深远。如果记忆只能在生物神经中得到保存，那么当个体死亡后，它的记忆就消失了，它的时间只能是个体从生到死的时间。当记忆工具出现后，活生生的记忆找到了它的替代者，即被书写的记忆、死的记忆。借此，"有死的时间"就变成了"不死的时间"。用利科的话说，这里死亡只构成时间的中断，而不构成海德格尔所认为的时间的终结。但是，因为被书写和被铭刻的记忆是"死的记忆"，所以它既延续了记忆，也对记忆造成了深刻的改变，产生了延异效应，成为柏拉图和德里达口中的

"毒/药"。

因此，如果说作为劳动工具的事物造就了人和人的世界，那么作为记忆工具的事物就扩展和重构了人和人的世界。作为文化沉淀物的事物会重塑人的意识，让人的意识不自觉地受到它的影响。它们就像一些模型，为我们的意识定型。一所大学的校园、建筑物、文化标识等会潜移默化地影响学生的观念，改变他们的气质，正是因为人们的思想总是对这些"已经在那（déjà là）"的思想沉淀物的"再思想"。费尔巴哈说："人就是他所吃的东西。"也就是说，人是在阅读别人的思想中去思想，在重复别人的思想中去思想。我们所面对的一切人造物是记忆工具，因而也就同时是他人的思想。当你观看前人的建筑，你就同时是对建筑师思想的再思想，你在和他一起思想。建筑可以被看作是一段思想程序（就像人们说的，是一本书），观看和感受它，就是重复这一段思想程序，因此，在这个过程中，我们完成了对人类思想的传承和扩建。

我们所生活的场所对人的思想有着巨大的影响，因为我们的思想同时是场所精神的折射。今天城市里的孩子和以往乡下的孩子的成长环境有很大的不同，这种不同将带来许多难以预料的后果。城市里的孩子看到的基本是记忆载体，各种专门和非专门的记忆工具。一个明显的现象就是，今天的孩子识字能力比以往大大提高和提前了，这往往并非父母刻意教育的结果，而是因为他们每天触目可见的都是文字。过去乡下的孩子，触目的都是原始的自然物，这对他们的观念塑造必定有独特的影响。我猜想，在其他变量不变的情况下，它可能一方面使这些孩子的思维没有过早被各种思想程式所定型，因而有更大的可塑性；相反，城市孩子的思想可能过早就被涂满了各种印迹。但另一方面，这也使乡下孩子在学习的起点上大大落后于城市的孩子，因为他们很少有机会通过重复别人的思想去思想，他们不那么见多识广。

有理由认为，经常读书的人和经常看视频的人，会形成非常不同的思维模式。斯蒂格勒就曾指出，今天的信息时代和媒介时代，形成了"记忆工业化"的趋势，即我们今天吸收的、"吃"的记忆是由大工业（如好莱坞）生产出来的，这使人的思想变得越来越同质化。在注意力经济和流量经济的时代，我们的视觉和思维被人精心地算计。流媒体（工业时间客体）迎合我们接受习惯而被精心剪辑出来，使我们在看电视或电影时不需要付出多少主动的努力，视频的蒙太奇代替我们做选择，引导我们去看它让我们看的东西，这使得技术有一种对我们的意识进行蒙太奇剪辑的神奇功效，从而无意中操纵了我们的意识。经常看肥皂剧的人实际上是将自己白痴化（什么也不用想），而若长期处于白痴化状态下，思维能力也将向白痴化靠拢。读书，特别是读大部头的书则不同，它要求阅读者思维的高度参与，要求记忆力和想象力的积极工作，它对他人思想所进行的重复更多地是"差异性重复""创造性重复"，而不是机械的、同一化的重复。

记忆载体为我们所做的越多，我们的大脑所需要做的就越少。举个例子，当你读《哈姆雷特》时，文字"哈姆雷特"只是一个抽象的符号，因此你就需要调用自己的经验去想象和诠释哈姆雷特的形象，所以一千个读者心目中就有一千个哈姆雷特。但如果你观看哈姆雷特的戏剧或电影，记忆载体就为我们代劳了这一工作，这既便利了我们，也使我们变得衰弱。如同交通工具的发达使我们的腿脚衰弱，生活的舒适便利使我们的身体衰弱。为了迎合懒惰而虚弱的现代人，各种书籍和媒体争相向速食和简短靠拢，于是就有了"短视频"的火爆，有了各种"微博""微阅读"的存在，因为任何长的东西，都意味着对耐心、记忆力、思考力的巨大挑战。我们越习惯于这些东西，我们就将越失去严肃深刻思考的能力。我们的记忆能力衰弱了，是因为我们的记忆工具变多了。在口耳相传的时代，在说书人的时代，那时的人们有着我们今天望尘莫及的强大记忆力，今天各种备忘录和记忆工具成了我们大脑神经记忆的延伸或假体。当我们习惯于用手机导航后，我们的方位感快速退化了，手机导航成了我们小脑的假体。今天的人们越来越习惯于不思考，而让媒体替他们思考，我们的大脑思维和记忆越来越由大工业生产的思想和记忆假体所构成。就像那些失去咀嚼能力、满口假牙的人一样，人们的大脑里装满了记忆工厂所生产的思想假体。今天如果你随便问一个人问题，你会大概率发现他回答的是别人的思想，而且可怕的是，他真诚地以为这是他自己的思想。如果他愿意去反省一下，他也许会发现他不过是照搬了从别的什么地方听到的思想。这一切都带有"家猪化"的效应：当人将精瘦强悍的野猪驯化为白白胖胖的家猪后，人也由精瘦强悍的狩猎人变成了白白胖胖的现代人。我们所接触的物，反过来改造了我们自己。

让我们总结一下，与我们打交道的事物，呈现为三种类型的物：作为直接享受的事物、作为劳动手段的用具和作为思想外化的记忆载体，由此，人也就分别是享受者/受苦者、劳动者/消费者和思想者。享受是无时间的，或者说只拥有当下的纯粹瞬间；而劳动为我们建立了属于个体生命的时间，从诞生到死亡的时间；最后，作为文明载体的记忆工具则为我们扩展了时间，将有死者的生命时间改造为不死的历史时间。类似地，享受者没有世界，他与自然处于直接的关系中；而劳动创建了一个持存的世界，一个由用具组成的人化的世界和家园；最后，记忆工具传承和扩展了这个世界，把这个世界建立在相对扎实的地基上，使世界的构建成为一个世代接力的工程。而在这个过程中，人不断地被重构，如同一段程序在运行中被不断改写和升级。游戏程序升级的特点是，玩它的人是怎样的，游戏就会发生怎样的改变；同时游戏是怎样的，玩它的人就会发生怎样的改变。有时，我们是玩游戏的人，事物是游戏，有时，我们人是游戏程序，事物是这个游戏的参与者；换句话说，有时我们在玩游戏，有时游戏在玩我们。我们需要思索的是，在这种人与物的相互作用过程中，人将通向何方？人会成为什么？迎接人类的将是怎样的命运？

诞生与死亡

讨论死亡的哲学家很多，谈论出生的却很少。今天有所谓的"死亡学"，却没有一门"诞生学"。但是，诞生对于生存乃至一般存在的意义绝不会小于死亡。如果说死亡是人的存在的不可能性，那么诞生则给予了人存在的可能性。但诞生不直接等同于人的存在，毋宁说，人如何存在，取决于人对待诞生和死亡的态度。学会生活，就是学会去驾驭诞生和死亡。或者，就像德里达说的，学会活着，就是既要通过死亡来学，也要通过诞生来学。

死亡的奇特之处在于：首先，没有人能亲身经验死亡，我们只能经验自己的存活，死亡位于所有人的外部。我们能够从外部知道他人之死，并且由此推知自己有死亡，但不能自己确切地知道和经验它。其次，死亡具有所谓的本己性，每个人的死亡只能是自己的死亡，是只能自己承担的独一无二的命运，我们只能独自面对自己的死。他人也许可以延迟你死亡的到来（替你去死），但不能夺走你的死亡，从而使你可以永生不死。再次，死亡既确定又不确定。每个人都会死，这对我们来说是确定的，但死亡什么时候降临，又是不确定的。这两种性质带来了人们对生命的不同态度：潜意识中把死亡看作很确定的人，把生命视作是稳靠的，他们按部就班地安排着自己的生活，他们的眼睛更多盯着长远的未来；而那些觉得生命无常的人，则把生命视作危机四伏，把死亡看作不确定地悬临着，因而更有紧迫感，也更多考虑当下。

同样，诞生也有其奇特之处。首先，诞生和死亡一样是对人而言的一个外部事件：人不可能要求自己出生，也不可能要求自己不出生，人对于自己的出生是完全无能为力的。这种无力感比面对死亡的无力感还要更甚。因为人毕竟可以自己求死，自由地去死，但人却不能要求自己诞生。其次，人可以努力挣扎求生，但他能否活下来，却由不得他自己。出生对人而言完全是"被赐予"，是人们既无法祈求也无法拒绝的礼物。有的人活得不如意，或找不到活着的意义，他会抱怨父母给予了他生命，并且无比同意昔勒尼的话：人世间最好的事是不要出生，次好的是快快死掉。

出生与死亡的一个不同之处在于，死亡对每个人来说是相同的事件，但出生却各有不同，每个人出生都被附带了不同的生存环境或条件。人无法选择出生在怎样的种族、国家、社会、家庭之中，也无法选择自己的性别、身体、长相，甚至连名字都是被赐予的。所有这些东西都是人一生下来就不得不去接受和背负的东西。因此，去活着，就是去承接、理解和居有这些东西，携带着它们生存。一方面，这些东西对人来说是外在的，被强加给他的，因此他从出生起就要试图去理解它，与它"和解"，把它变成自我的一部分。在人一出生时，他一无所有，而他之所以一无所有，是因为他首先"没有自己"，连他自己的身体对他来说都是并非他拥有的异己之物。当婴儿学会适应和操纵自己的身体，按自己的意愿用手去抓取东西时，他就是试图去拥有一个身体。只有当婴儿度过了"镜像阶段"，从父母和他人的镜像中认出了自己也是一个人，一个和父母一样的人时，他才开始建构起一个自我。只有他借此先"拥有"一个自我，他才有能力"拥有"某样东西。另一方面，这些东西又是他去存在的可能性条件和通道，他所拥有之物构成了他自身的组成部分。人按其本质就是他所拥有的东西，他需要"透过"这些东西去存在。如同我们说，人活着就是通过自己身体的感知、行动、思维而去活着，我们也可以说，人活着就是通过自己的种族、社会、语言等被承接下来的遗产去活着。

　　人们说，有的人一出生就拿到一副好牌，而有的人则拿到一副烂牌，但有的人可以把好牌打得稀烂，而有的人则可以把烂牌越打越好。这个话至少说明了两件事情，第一，我们如何理解和驾驭这些被赠与的遗产很重要。可以说，人一出生就如同骑在一个他既无法理解也无法驾驭的庞然大物的背上，如同汪洋大海中的一叶扁舟，因此，我们需要首先去适应和理解他的深渊般的身体、他被馈赠的陌生环境和巨大文化遗产。当他能够适应和驾驭这些东西，那么它们就像被骑手驯服的马匹一样，能够带领我们去我们要去的地方，完成我们的愿望。但如果他不能做到，那么他就受制于这些东西，被不可知的命运抛掷来抛掷去。第二，这同时意味着，诞生不只是出生。出生对于每个人都只有一次，但出生后人还必须不断地"诞生"，他才能够持续地活着，因为他毕竟也可能随时会死。活着就意味着不断被给出新的瞬间。拿打牌作比方就是，人打牌并非首先拿到一副牌,然后不断地失去牌,直到死亡将他的最后一张牌抽掉——只有那些没有任何主动性、完全随波逐流的人,才符合这一描述。而是他同时也在不断地洗牌,去掉一些牌,同时又抓取一些牌:他被持续给予时间,并且借此给予他主动地去创造、创生。如果说出生是唯一和最纯粹的偶然性,那么一生之中我们将还有遭遇无数的次级的偶然性,即次于出生的诞生。从哲学上说,就其本质而言,诞生就是偶然性。

诞生和死亡的另一个不同之处,或者说截然相反之处是,诞生是人被赋予绝对的有力,而死亡则是对这种力量的剥夺。固然,诞生是偶然的,人被动地被赐予诞生,但人以被动的方式被赐予的恰恰是他的主动性,即能够掌控和给予的可能性。人被赐予生命,就意味着被赐予了"我能"。一个在游戏中死去的角色复活,玩这个角色的人会高兴地说:啊,我又活了,我又能重新活动了。因此,这也意味着,死亡就是衰老、无力、失去可能性。故而我们也应该说,生命终结之死只不过是人唯一和最纯粹的死亡,在一生之中我们总是遭遇着无数次级的死亡,我们的生病、疲倦、衰老都是死亡。最普遍的死亡现象不是生命的终结,而是生命的越来越无力。因此,说人不能经验死亡是不准确的,毋宁说,人经验自己的衰老和垂死,也就是经验死亡本身。我们可以设想,假如有人出生在一个荒岛上,他从未见过他人之死或其他生命之死,例如其他的生命都可以悠长地活几百年,因此他有幸从出生起就未目睹过死亡,那么他是否能经验到死?是否会在直到生命的最后一天,都以为自己是长生不死的?我认为答案是否定的。因为在他经历生命的衰老和无力的时刻,他已经能预感到有可怕的事情要发生,他始终经验到次级的死亡，即那决定性死亡的预演。

我们总是容易受到个体性幻象的误导，这种幻象基于人与人的空间上的独立和分离，由此误以为人是完全的独立者，没有意识到个体人与其他人、整个物种的整体性和连续性。如果我们把有性繁殖的诞生和无性繁殖的诞生联系起来看，把婴儿的诞生和柳枝的扦插繁殖类比起来看，那么出生和诞生之间的连续性就更容易看清楚了。当人的骨头折了后，只要用钢钉支架等固定好，断了的骨头就能够"重生"出来，这未尝不是一种诞生。细胞每一天都在创生，也在不断地凋亡。正如人每天在不断地出生和死亡。我们甚至可以在本义而非单纯比喻的意义上说，对一个国家来说，每个人就是它的细胞。不应该把国家"比作"人，或把人"比作"国家，毋宁说国家就是人，人就是国家，因为它们作为有机统一体都具有相同的本质。国家就是一个活生生的生命体、有机体，而一个活生生的个体也可以被视作国家。所以，德里达也把生物体细胞的组织原则理解为政治原则，把每个细胞本质上理解为生物-政治细胞。个体细胞的死亡之于人，和个人的死亡之于社会，在结构上具有同质性。这有助于我们理解死亡的本质：死亡无非是有机体的解体。这启示我们不要将出生视作开端，将死亡视作终结，而是将出生和死亡都看作时间和存在的漫长旅途中的中转站。只有人把自己封闭在个体的幻象中，才会得出这个错误的结论。

让我们稍微展开这点。诞生意味着不断地出生，而死亡也意味着不断地死亡。我们每天都在"出生入死"，每一个瞬间逝去，就意味着每一个瞬间的死亡；而每一个新的瞬间到来，就意味着新的创生。我们过去的日子都是已经死去的日子，未来的日子都是尚未出生的日子。因此，人位于已经死亡的过去和尚未诞生的未来之间，如同在纯粹黑暗中走钢丝绳的演员，他需要每一次等待新的诞生，以免自己坠下深渊，他无法确定他迈出的下一步是否有钢丝绳在承接着他。这种"战战兢兢，如履薄冰，如临深渊"的生存意象非常不同于人们固有的对活着的理解，因为人们通常把活着当作理所当然之事，仿佛他一出生就被给予了一笔大约80年的财富，他可以大肆地挥霍（花样作死），或者也可以省着点花（注意养生，多活几年），但无论怎样，他的死亡总归是可以预期的。然而，诞生和死亡经常不按常理出牌。当人们在生活中遇到过自己身边英年早逝的朋友，例如遇到因意外而横死的例子时，人们才仿佛第一次意识到这一点那样，惊叹一声"生命无常"。但大部分时候，人们很快又会回到之前对生命和死亡的惯有想象中去。自然，这么做是理性的，因为人们会认为，在未知的下一刻突然不被赐予诞生（例如因意外而被剥夺生命）的概率很低，而且我们都倾向于认为自己不会是那个倒霉蛋。有人说，我们每一天都应该"向死而生"，把每一天都当作生命的最后一天来活。这种想法大概源自生命无常和如履薄冰的意象，但我们必须说，人不可能也不应该这样活着，这种人生态度大概只会导致短视和及时行乐，而不会给予我们积极强健的人生。我们从生命无常意象中所应该得出的是：诞生不是自然而然的，而是每一刻都来自赠予和奇迹，它随时可能会被死亡所夺去，因此，我们既要从确定性的大概率死亡（80岁之死）出发去筹划自己的人生，也要为不确定性的小概率死亡（下一刻之死）做好准备，以让自己在生命的任何可能的终结时刻都没有遗憾和后悔。

因此，如果我们给诞生和死亡以严格的定义，那么应该说，诞生是一种被给予活力的偶然性；而死亡是失去活力，变得无力的偶然性。当一个人到了中年，他体会到身体的活力越来越不如从前，如同过午的太阳在下坠，他就意识到死亡在向他接近了。衰老是死亡的第一经验。但只要决定性的死亡没有到来，那么诞生就总是可能的，总是在不断给出，尽管其活力不如以前。而只要有诞生，那么就总是有新的可能性，就好比赌徒说，只要赌局还在继续，他就有翻盘的可能。因此，诞生按其本质是创造，是带来新的可能性，是不可预期。当世界上诞生了一个新的婴儿，那么这个世界就增加了一个变量，因为婴儿意味着无限可能，与之相对，死亡则意味着不可能性。或者人们也说，诞生是不可能的（无端的、不可预期的）可能性，而死亡是可能的不可能性。假如一个人听凭命运的摆布，只是沿着既有的轨道生活，不断地重复他过去的日子，那么他等于是以死的方式活着，就像人们说的，他过着一眼望到底的生活，20多岁就死了，80多岁才埋，20多岁以后的他就像是之前的他的影子。我们之所以这么说，是因为他虽然每天活着，但却没有真正地"创生"，他不过是在机械地重复。接受和打开诞生的礼物，释放诞生的力量，那么诞生就变成了创生。或者说，人的创生使诞生真正成为诞生。

当我们遭受打击，感到疲倦和不安，那么我们就在承受着死亡的力量，因为此时我们的生命在受到扰动和威胁。当我们开始遗忘、失去斗志、欲望减退，我们就在屈服于死亡的力量，也就是说，我们去创生的力量被死亡的力量胜过了。反之，当我们去发起战斗，努力把不可能变为可能，去牢记和坚持时，我们就体现了创生的力量。在这里，类似于萨特说的，"他人即自我的地狱"，他人的诞生对我也是一种死亡的威胁，正如我的诞生对他人是一种死亡的威胁。因为，我的生存某种程度上就减少了他人生存的可能性空间。生存在最初的时候就体现为"一切人对一切人的战争"，尽管我们必须马上补充，这种关系并非我与他人关系的全部。

因此，对于被给予的诞生（被给予的有力）和死亡（被给予的无力），我们就可能会采取不同的态度，采取"自由的操作"，由此形成不同的在世存在方式。一种是海德格尔式的"向死而生"的态度，列维纳斯称之为一种富有男子气概的、英雄式的态度。这种态度的关键是，它从预先意识到死亡和敏感于死亡的降临出发，去筹划自己的生活。面对死亡的迫近，他感到生存的紧迫性，由此去积极地展开自己的生活，主动承接自己的历史、命运，借此去实现自己的可能性。海德格尔称之为"先行到死中去"。在这种态度中，人总是积极乐观地去存在，类似于所谓的"天行健，君子以自强不息"。这种对待死亡的态度，同时也对应着一种对待诞生的特有态度，即他积极地接收诞生的赠礼，居有它，并且释放它给予我们的力量，将诞生转变为创生，而不是将其弃置一旁。诞生最初给予我们的只是纯粹的"瞬间"，不连续的瞬间，只有在劳作、操心的努力中，瞬间才被居有下来，才变成"属于"我的时间，成为我实现某个目标的过程（"途程"）。

但是，我也可以不去筹划这段时间，放任这段时间机械地流逝掉，任其保持为无机的瞬间时间。当我们被动无望地等待某事的时候，我们就感觉到这种时间：我们被给予了诞生，但我们没有去释放它的力量，而是原封不动地将它退还给了赠与者。这种态度，也就是海德格尔所谓的"非本真"的生存态度，即"常人"的生活态度，此时他把自己的生命交给他人，交给既有的社会规范，使自己的生活成为单纯的重复。持有这种态度的常人既是不死的，也是不生的，他把自己置于在生死之外，他假装自己活着。

与海德格尔不同，列维纳斯谈到另一种对死亡和诞生的特异态度，他既不是积极地去向死存在和居有诞生，也不是怠惰地逃避死亡和弃置诞生，而是主动地承受死亡，并把自己的诞生奉献给他人。正如我们前面描述的，死亡是一个他者，死亡本身不是向死而生的经验，向死而生只是人对死亡采取的一种特殊的态度，一种列维纳斯认为有问题的态度。列维纳斯说，死亡的经验本身是他者对我们的触动，使我们不安，这由此应该唤起我们对他人的责任。按照这种态度，死亡不是海德格尔说的"由不可能性所激发出来的可能性"，借此使我们在诞生的基础上去成为有能力的、有权能的"能在"，而是要把死亡理解为"可能性的不可能性"，即死亡不过是单纯违背我意愿的、不可预料的、使我的权能受到限制的不可能性。因此，面对死亡就是要让自己受到限制。因为我的存在就意味着他人死亡的可能性，而他人的存在对我来说也就构成死亡的威胁，因此在这种你死我活的关系中，像海德格尔那样去积极地筹划存在，就意味着对他人采取暴力。而要承担对他人的责任，恰恰意味着为他人考虑，将自己暴露给死亡，又不采取向死存在的方式去延迟死亡，而是让自己受苦。

这种承受死亡的态度是一种十分奇特的态度，它让人想起苦行僧，想起身负无法偿还之罪的罪人，这个罪人受良知的折磨，为此，他将自己的整个生命都奉献给了赎罪、奉献、牺牲。他觉得只有让自己停留在痛苦之中才能让自己好受点。假如有人因自己过去的罪孽而使无辜的人丧命，那么他就觉得自己必须直面死亡，既不以求速死来减轻痛苦，也不逃避死亡，而是坦然地面对死亡，并且将自己的所有诞生都用于赎还自己的罪过。他让自己活着，得到最基本的生存保障，只是为了让自己有可能最大化地将生命用于服务他人。简言之，这种态度就是纯粹伦理的态度。在这种态度看来，向死而生的态度完全牺牲了他人，完全将他人置于自己的权能之下，由此，它也为滑向法西斯主义准备了道路。按照这种态度，自然、他人都成为自己存在的滋养，因为那个据称是先验的此在（生命）最终总是孤独的此在，而他人则隶属于这种存在论，服从于这种存在论的理解和总体性。

我们概括一下这三种态度或三种生活方式：向死而生是直面死亡，并且在死亡面前积极筹划自己的存在；非本真地逃避死亡是在死亡面前转身而去，对死亡视而不见，假装没有死亡；承受死亡是直面死亡，但既不借逃避死亡来屏蔽自己的痛觉，也不去主动地采取行动向死而生，以延迟自己的死亡，而是让自己停留在死亡来临的不安中，借此让自己对责任敏感，对他人之死敏感。类似地，这三种态度对诞生也是如此：向死而生是接纳并居有自己的诞生，借此释放出诞生的强健有力，使自己成为有权能的"能在"或"我能"；非本真地逃避诞生是无视诞生的赠予，并不打开礼物，而是把礼物弃置一旁、原装退还；而承受诞生则是接受并打开礼物，但却将礼物转赠他人，去为他人存在，即将被给予的诞生用于回应他人的呼声。

那么，在这两种针锋相对的态度（存在论态度和伦理态度）中，我们应该如何取舍？以中国文化的中庸立场来看，我们会认为，人们既应当让自己存在，同时也应当让他人存在。所以，既应当从自己孤独的终有一死中，去激活自己的整个生命、整个诞生，同时又要关注到他人的存在和权利，而不是把他人视作自己的存在论滋养，因此始终警惕自己的存在给他人带来的死亡的威胁，进而由此激起一种伦理的责任态度。如果只是向死存在，那么他人就失去了本真性；如果只是为他人而在，那么自我就失去了自由和幸福，并且恰恰因为他不够强有力，他也就无法更好地服务于他人。以上两种态度中的任何一种都陷入了极端，从而有着不可克服的困难。

最后，在对待他人之死中，我们还能够谈到另一种对待死亡/生命的态度，这种态度和利科、德里达的立场颇为相似，而且与海德格尔关于他人之死的态度很不相同。海德格尔认为，我们在面对他人之死时，只是得出了关于死亡的无关痛痒的知识：认为死亡是他人之死，与自己没有关系，我们（常人）潜意识里认为自己是不会死的。因此，从他人之死那里我们得不到什么有益的教训，只有一种对死亡的视而不见。但按照这种新态度，我们不是封闭在自己之死中，而是将他人之死视作构建自身的诞生和死亡的一个环节。也就是说，死亡不是单数的，死亡也不意味着终结，而只是存在过程中的一个中断——类似的，出生也不是绝对的开端，而是对过往的延续。在人类的历史中，有复数的死亡，有他人的死亡，尤其是有匿名的死亡（例如历史编纂作为书写乃是死亡），这些东西不应像"向死存在"的态度那样，仅仅将它们视为"非本真的"、派生的东西而加以抛弃，而是相反，认为它们是源初的生存的一个必不可少的构成环节。

换言之，他人的死亡是我的向死存在的一个必要的绕道。个体的死亡必须是通过对他人死亡的占有，然后再重新返回自身。于是，利科谈到历史学的死亡。在历史学家看来，死亡总是他人的死亡，我们需要去居有他人的死亡，承接他人的死亡，将他人的死亡重新归属于自身之死。于是，他人的死亡作为中介，丰富了我们对死亡的理解。总而言之，要把死亡从孤独的个体（此在）的封闭死亡中打开，从而实现他人的死亡与我的诞生之间的承接和转换。于是，我们现在不仅谈到他人的生命和我的生命的共存，而且要谈到他人的生命和我的生命的接力，这也就是诞生与死亡之间的接力。例如，我们的诞生作为诞生，乃是基于对他人之死的重复，他人的死亡成为书写，他们的经验埋葬在文字遗产中，我们通过重新激活这些书写而去存在。而这些被重新激活的死亡（书写）又不是简单地被重复，而是以创造性的、差异的方式被重复，即同时也是真正的诞生。

由此，生命就在这生与死之间的转换中实现了它的可能性。没有他人之死，我们的出生和诞生就不可能，同时，我们的诞生又借助了向死存在而重新复活了他人之死，即以别样的方式延续了他人的生命。当然，在这个过程中，我们再次需要调节他人（在这里是死者）和自己的生命之间的关系：或者是更加伦理的态度，也就是说，牢记他人的死亡，承担对死者的责任，总是为死者哀伤和守灵；或者以更加存在论的态度，即不要让死者压倒活着的人，而是向死者告别，放下过去的重担，卸下对死者的责任，以更好地去面向未来、走向新生。葬礼和哀悼是对这个问题很好的说明。隆重的丧葬之礼、完整的哀伤和哀悼的过程，为死者树立墓碑和定期凭吊，就是生者与死者之关系的调和。既不是对死者的遗忘和不负责任，背弃对死者的义务，也不是无力与过去告别，被死者压倒而不能重获新生，以致因不能完成哀悼而患神经官能症。

无论如何，诞生和死亡都是我们被命运所给予的礼物。而在被给予的不可预料、无法操控的诞生和死亡中，我们每个人可以采取自由的态度去对待诞生和死亡，这种态度的差异，形成了每个人去活着、去存在的不同方式。在这些不同生活方式中，有自我（为自我存在）和他人（为他人存在）的冲突，也有过去和未来、生者和死者的冲突。在这些冲突中，我们应该尽可能地同时照顾到两方，并且尽可能地实现两者之间的良性循环。这就是说，让生和死总是处于螺旋式上升的辩证转换之中。

生命与游戏

在生活中，人们习惯于把自己的时间和生命区分为两个部分，一边是正经严肃的学习、劳动、工作；另一边是无所谓的消遣、娱乐、游戏。或者说，一边是真正的生活，不是儿戏；另一边是消遣游戏，而不是真正的生活。但是，两者区别的根据其实不在于事情本身，而在于我们对待事情所采取的不同态度。劳动和游戏的根本区别在于人是否能把这件事当作目的本身，或者换个说法，劳动是有目的的，而游戏是没有目的的，游戏的唯一目的就是游戏本身。让娱乐变成苦役的简单办法，是把它仅仅变成获得另外一个目的的手段。反过来，让苦役变成娱乐的简单办法，就是以无功利的方式对待它，而不是把它作为别的事情的手段。一个玩游戏的人，一旦将游戏变成职业，游戏立刻就变成了可厌憎的劳作——沉迷游戏的孩子若以为以职业玩家为工作是天堂般生活，未免想得太天真了。而辛苦劳作的人，一旦在事情本身中找到快乐，得到某种内在利益，从而忘记了它的外在目的，那么劳作就变成了游戏。对于有的人来说，背单词是痛苦的工作，而对另一些人来说，却可能是娱乐消遣。对于儿童来说，一切皆可是游戏，而对于成人来说，一切皆可为苦役。成人有一种奇特的技能，他们善于将各种游戏变成乏味的劳作。例如，他们善于把性生活当作传宗接代的手段，于是性的快乐变成了诸如"封山育林"的严谨程序或"交公粮"之类的夫妻义务；又例如，吃饭是快乐的，但他们成功地将吃饭变成长身体的手段，从而使孩子视吃饭为痛苦之事。

在生活中，"把一个东西仅仅当成手段"简直具有"点金成石"的功效，它能让立刻将世间任何有趣之事瞬间变得无聊。功利主义者把追求最大限度的幸福当作原则，但悖谬的是，一旦以功利心去对待和计算任何事情，最大的幸福立刻就变成了最大的不幸福。没有比"你一定要幸福"更荒谬的话了。因为幸福是一种只有你忘记它，它才会到来的东西。我们可以努力结婚生子，可以努力挣钱，但我们没办法努力幸福。人无法支配幸福，反而是当我们专注于做正确的事情时，幸福会自然而然地来到了我们身边。亚里士多德说，幸福就像人脸上的红润，我们应当追求身体健康，而不应当追求脸上有红润。"为了让自己快乐，我决定去帮助别人"其实是荒谬的，恰恰只有在我沉浸在帮助别人之中而忘记快乐的目的时，我才真正感到快乐。

儿童因从不追求快乐而充满快乐，成人因追求快乐最大化（功利主义）而失掉了快乐。以游戏的态度面对生活，是对待生活最严肃的态度。成年人的弊病是，他既不够严肃地对待游戏，也不够严肃地对待生活（不是把生活当作目的，而是把它当作实现另一个目的的手段）。前者毁掉了游戏，后者毁掉了生活。

但是，如果说人们在劳动和工作中总是把一件事情当作实现另一个外在目的的手段，这是因为它们具有一个不同于游戏的根本特点，即人在这个活动中居于主宰地位。在制作一张桌子时，制作者是整个活动的支配者，因此，他把心目中的桌子作为目的，而将树木、钉子、斧头视作手段。在手段—目的结构中，目的是最重要的，手段只是服务于它，因而是可以"牺牲"的。例如，在这个过程中，有大量的多余木料是要被牺牲、被丢弃的。习惯于以劳动、工作的模式去对待生活的人，在做事时总是太过轻易地时刻准备"牺牲"，无论是去牺牲自己，还是去牺牲他人。因此，在他的生命中，他会划分出不同部分，其中有些部分是目的，而另一些部分是注定要为目的而牺牲的手段，并且他会认为，为了目的的实现，牺牲是有价值和意义的。例如，他认为童年是成年的准备阶段，所以为了成年后能应付生活，童年和青少年是必要的牺牲；然后，他又认为，年轻力壮时应该吃苦受累，以免老来受苦，因此成年又是为老年做准备的，所以成年也被牺牲了；最后，老年又是为死亡或为下一代做准备的，因此老年也被牺牲了。最终很悖谬地，他的整个一生都被牺牲了和消散于死亡的虚无中，都变成了乏味的苦役。

但与劳动不同，在游戏中没有人是主宰，谁要是完全支配游戏，谁就毁了游戏。例如，如果一个国王在和奴隶游戏时，可以任意地制定和解释游戏规则，那么游戏就变质了。在游戏中也就没有目的和手段之分。因为没有人能主宰、分配和安排，所以没有哪个部分是可以随意被牺牲的。游戏没有目的，它也就不是可以被牺牲的手段。在语言的游戏中，每个人都是游戏的平等参与者，他需要服从语言游戏的规则，他不可以任意和

| 35

私人地制定规则和遵守规则,他参与到游戏中,并且通过用语言言说自己的生命经验而参与、更新了语言游戏。相反,劳动是集权盲从的游戏,谁如果以劳动的模式来理解政治生活,谁就把政治变成了像制作家具一样的活动,因而走入了"政治设计"的灾难性误区。柏拉图在设计"理想国"的政治游戏时,就把政治游戏变成了制作活动,把哲人王变成了制作者,而他人就成了被安排的工具和手段。换言之,在这个游戏中,没有他者,他人只是受支配和被安排的。

语言和政治游戏醒目地揭示了游戏的一个必要条件:游戏预设了他者的存在。一个人很难和自己玩游戏,例如他几乎没法自己和自己下棋,一个领导也无法从与一个刻意放水的下属下棋中感受到游戏的乐趣,因为其中没有超出他意志的东西,没有对抗着他的他人。这种他者不一定是另一个人,也可以是不受他意志支配的另一种力量。例如,人能够独自玩球,是因为球的自身不规则运动具有一种作为他者的力量与我对抗。你给猫一个皮球,它可以玩老半天,但是你给它一个不会动的东西,它就没什么兴趣。我没法左右手互搏,但我可以在无聊的时候自己和自己打赌:例如,如果从门前经过的下一辆车的车牌尾号是偶数,我就给自己一个奖励,而如果是奇数则给自己一个惩罚;又或者我可以把自己能否在 20 分钟内跑完 5 千米视作一个游戏,乐此不疲地重复玩。在这里,尽管我是一个人在玩游戏,但有另一种我无法支配的力量在与我游戏。游戏的最大魅力就在于,你可能会输。如果游戏完全在你的掌控之中,游戏就失去了它的意义。

游戏常玩常新,在重复中不令人厌烦的奥秘是什么?首要的是他人的参与，是他人的他异性力量。单机版游戏总是容易令人厌烦的，因为在重复中缺乏足够的差异性，他人带来了新的元素。和朋友玩纸牌游戏，最吸引人的是朋友总能够在游戏中给出新的东西。相反，阅读文学作品某种程度上就像是在玩单机版游戏，因为文本不会亲自对我们说话。当我们和他人在游戏中遭遇时，往往会有某种奇迹发生。当我们和别人对话时，会有某种新思想的火花出现，而且这种新思想既不是我曾有的思想，也不是朋友已有的思想，而是在谈话中产生的思想。于是，谈话成为一个不可知的历险过程。这一点甚至在阅读或书写这样的单机版游戏中依然有效，阅读和书写本身也是一场谈话。因为被阅读和书写的文字对我来说也是一个他者，一种他异性的力量。语词的背后是古人的思想和精神的沉淀。所以，当我们在写作时，我们不仅是在与自己对话，也是在通过语词与古人、他人对话。我们之所以能够"用笔沉思"，之所以能够在写作时引发新的思想，就是因为那些被使用的语词不完全是属于我的，而是它首先是属于别人的，当我们和别人共用一个语词时，别人就会通过这个语词对我们讲话。当我在桌前贴上一个字条"加油"，这句我自己说出的话就能对我施加反作用。语词自身携带意义，而语词携带的意义并不是我当下所能想到的意义，它往往超出我当下所具有的意味。当我使用语言时，我是在与古人交谈。因此，非常平常而又奇特的是，如果我在阅读某部著作时产生了某种思想，往往这种思想既不是我的思想，因为我在阅读之前并没有该思想；也不是作品的思想，因为作者并没有这种想法，文本自身不会开口说话。它实际上是我和作品"之间"的思想，这种"之间"的活动，恰恰是生产性的机制。

　　此外，偶然性也是他者性力量的一种，而且是十分特殊的一种。如果游戏中有他人，但却没有偶然性，那么也不再有游戏。人们经常说，足球游戏的最大魅力在于，足球是圆的，即一切皆有可能。如果强队与弱队的实力比是3∶2，他们比赛的比分也必然是3∶2，那么也就不存在足球比赛了。生命游戏同样如此，如果一切都注定好了，那么生命将寡然无味，将变成一场噩梦，一场虚假的游戏，一道前提和结论都准备好的公式，在这里我们需要做的只是重复地展开演算过程，什么都改变不了。对于劳动和工作来说，偶然性则是令人讨厌的意外，因为它打断了预设好的进程。但也正是因此，劳动和工作成为令人讨厌的过程。而生命的美妙之处在于不可预料的事件，在于我们不知道前方有什么在等着我们，在于总是（傻傻地）相信美好的事情有可能发生。

　　偶然性来自哪里？为什么世界中有偶然性存在？就世界本身而言，也许它并没有偶然性的容身之地。就像爱因斯坦说的，"上帝不掷骰子"。如果我们承认这个世界是按规律运转的，那么一切都是必然，偶然性仅仅来自人的理性的有限性。假如人对物理世界的理解达到全知全能的程度，那么这个世界对他来说就不再有偶然。如果人们把疫情的暴发或行星撞击地球视作无法预料的偶然事件，那不过因为人们对世界的了解太少，当蒙昧被知识的光线照亮时，偶然性就消失了。今天的世界是一个越来越被科学"祛魅"的世界，这在另一方面意味着，这个世界对人来说越来越"不好玩"了，我们越来越能够掌控这个物理游戏了。对于古人来说，风雨雷电是不可预知的宇宙意志，对于现代人来说，它只是一成不变的公式。我们也许可以预料，斗牛或赛马有一天会失去成为游戏的资格，因为假如我们对动物的理解和数据化透视达到一定程度，那么比赛结果就有可能会变成事前可以准确预料的必然之事。人工智能介入象棋和围棋一度使人们担心这两种游戏将趋于消亡。这当然是可以预料的，举个例子，当两个象棋低手在盘中杀得不亦乐乎时，高手一眼就看出这个游戏其实已经可以结束。当两个人类在围棋的盘中杀得不亦乐乎时，人工智能已经判断一方应该投子认输。具有讽刺意味的是，让游戏和生活充满乐趣的条件之一就是让自己保持低智的程度。例如，大人们不爱玩小孩幼稚的游戏，观看俩小孩玩游戏的大人经常有哭笑不得的感受，并且感叹"你们开心就好"——也正是因此，大人比孩子要多更多的痛苦而少更多的快乐。假如有一个全知全能的存在在看着人类玩的所有游戏，他大概也会哭笑不得，并且感叹你们人类开心就好。

　　偶然性的另一个关联要素是所谓人的自由意志。我们知道，经济学没有发展到有资格和物理学一样"科学"的程度，就是因为经济学与人有关，因而涉及人的不可预料的自由意志。但人和物理、生物之间的差别，并非是质的差别，而是量的差别。人的自由意志真的存在吗？假如我们掌握了充分的信息并且达到了全知全能的程度，我们从事后来看，从外在旁观者的视角来看，我们可以说，这里没有什么自由意志，一切都是必然的。设想你早上起床时在被窝里犹豫，是起床去上课呢，还是逃课在被窝里美美地睡个懒觉，你在抉择的时候感觉自己是自由的，你有自由选择的意志。但假如我们事后来分析，或以一个旁观者的角度来分析，假如我们知道这个人的基因构成和所有生命经验所凝结而成的品性，我们也许能得出结论说，他选择起床或不起床是必然的。行动者在选择时的自由意志和全知旁观者在事后所看透的必然性可以同时并行不悖。人类中心主义的根深蒂固的狂妄就在于，总以为自己与动物有着根本的不同。其实两者之间只有着程度的量的差别。并非只有人有自由意志，而动物只是生物学本能，也并非如海德格尔所说，只有人有世界，动物或石头没有世界。但如果在游戏中，有他人在参与，那么这个游戏往往就极大地增加了偶然性，因为人给游戏增加了变量，意味着复杂性的增加，这使得洞察其必然性就变得格外困难。政治活动和劳作的根本区别之一就是，政治是复数的，在政治游戏中，无数有自由意志的个体给游戏带来了不可预料的因素。这使得任何想操控政治游戏，设计某种社会乌托邦工程的设想都变成了对人的自由的冒犯。把乌托邦称作"工程"是十分恰当的，因为在工程的劳作中，没有游戏的平等参与和人的自由的空间。

在所有游戏中，政治游戏大概是最复杂的游戏，因为它拥有最少的实体化成分，最少的基础性规则。我们知道，在游戏中，规则越简单，游戏的难度就越大，因为它给了参与者更大的参与度和自由决定的空间，相反，游戏设计得越复杂，游戏活动往往会变得越简单。象棋和围棋就是两个典型的例子。设想有两种乐高积木，一种是纯粹无差别的小方块，另一种是带有不同特定形状的方块，假如它们分别是一辆坦克里的不同部件（履带、炮塔等），那么前一种的可玩性就更强，而后一种则容易使人厌倦。年轻的父母常会感叹，给小孩买再昂贵的玩具，还不如普通的沙子对孩子的吸引力大。因为事实是，越复杂昂贵的玩具，越远离了游戏的真义。没有比买一架玩具飞机或玩具汽车更容易让孩子厌倦的了。进一步而言，玩无差别方块的积木和玩坦克模型的积木，玩玩具飞机和玩沙子，不仅在可玩性上有差别，也引向了不同的思维模式和行为模式，前者更接近于游戏模式，后者更接近于劳作或工程思维模式，换言之，前者重于自由创造和想象，后者重于遵守、服从和执行。

在游戏中，那种实体性成分或规则究竟是什么？它是一种可以被重复的东西。表面上看，游戏与生活不同之处在于，生活只发生一次而不可以重来，但在游戏中，我们总是可以说，"再来一次"，游戏是一种不断重复的运动，它在重复中更新自身。正是由于游戏的可重复性，所以人们觉得似乎没有必要认真对待游戏，并且把游戏的态度称作玩世不恭的态度。但这么说并不是很恰当，因为实际可能相反，谁不严肃地对待游戏，谁就不能真正参与到游戏中。成年人打牌通常希望为牌局输赢附带一些筹码，无论是金钱还是其他的奖惩，因为如果不借此使参与者严肃对待游戏，游戏就没有意思了，就玩不下去。只有孩子才在没有筹码的情况下严肃认真地对待游戏。对于孩子来说，生活就是游戏，游戏就是生活。成年人的悲哀在于，他总是很难做到这点。在股市中玩虚拟盘的人，很少能真正玩下去，因为那就真的"只是玩玩而已"，所以他永远都浮在这个游戏的表面。只有真金白银地下注，游戏才呈现出它的真义。这就同时伴随了另一个令人困惑的现象：孩子总是对重复一个故事不厌其烦，而成年人则只追逐新鲜的东西。孩子有着令人惊讶的能力，他能够对已经发生过的事情不断地要求：再来一次！——我们知道，这是尼采所推崇的超人的肯定永恒轮回的能力。

然而实际上，生活也并非是一次性的，恰恰相反，生活总是不断重复。在生活中，只发生一次的事情没有意义。我们所经历的每一个事件，都会成为一个在将来被重演的剧本或程序。我们的基因遗传程序是对物种诞生以来所发生之事的第亿万次的重复，它铭记和重演了那些古老的记忆。对于一切生命体来说，只发生一次的事情没有意义，它等于没有发生。我们从前所学过的知识不会是白学的，尽管我们可能从来没有去回忆过它，但它早已经在人的行为中被无数次重复。被重复有两种形式，或者在意识中被重现，或者在行为中被表达。例如，在某种意义上，成年人总是在不断地重复他的童年，尽管他可能忘记了他的童年。在这点上，生命、游戏和节日彼此非常相像。节日纪念的是一次性事件，但这个事件此后不断地被重复，并且在重复中被更新。而节日只是被重复的生命事件中的一个极端的例子，如果你经历了一次意外，那么这个意外的打击将在你生命中留下烙印，改变你看待事物的方式和行为的模式，从此，它会在将来的行动中被不断重复。用现象学的专业术语来说，它是"准先验论""经验的先验论"或"先验的经验论"：经验作为一次性事件，会沉淀下来，成为先验的，即作为使将来的经验得以可能的条件。先验的视域或条件是新经验的基础，新经验总是在对上述先验程序的重复的基础上展开。

从物种的大尺度来看，我们可以把每个个体看作物种延续下来的程序，每一个生命的诞生、死亡和衍生后代，就是重演一遍剧本，重玩一轮游戏。每个人的一生，都是对生命的重复和更新。每延续一代，就像是开启了新一轮的打怪升级。研究民间故事的学者很早就明白了，总是有一些不变的母题，在无数的故事中被不断地重复。在这个过程中，让我们重复一遍：只发生一次的事情没有意义。"一粒麦子不落在地里死了，仍旧是一粒。若是死了，就结出许多子粒来。"对于生命来说，重复就意味着繁殖、复制、再生产，如果不能完成这一步骤，他的生命就变成了只发生一次的无意义事件。一个细菌唯一的欲望和目的，就是再生产一个细菌，变成两个细菌。

人们对游戏的普遍误解之一，就是以为游戏者和游戏是分离的，好像一个没人玩的游戏也是游戏，而玩游戏不过是对游戏本身的单纯重复，就好像游戏的重演是与游戏本身无关的外在事件。不，游戏仅仅存在于它的每一次"被玩"之中，就像艺术品只存在于它的接受之中，它只是在不断被解释中才获得它的存在。琴谱如果不被演奏，就像麦子没有落在泥土里，就只是琴谱，当琴谱被演奏、被诠释，协奏曲才有了生命，才存在起来。因此，每一次游戏被玩，同时也是游戏的自我更新，游戏的重复不是同一性的重复，而是不断被更新的重复、差异性重复。因此，游戏和游戏者之间不是分离和割裂的，而是一方面游戏者赋予了游戏以生命，并且在游戏中更新了游戏，同时另一方面，游戏者也不能没有游戏，他的生命通过游戏而得到了表现和丰富。生活中人们常常对游戏持一种"形而上学"的看法，把游戏看作是先天的：例如人们可能会以为，有一种"斗地主"的纸牌游戏以神秘而不可考的方式被发明出来了，它存在于一副纸牌和记录其玩法的先天规则里。而后无数人在不断地重复着这个纸牌游戏，但这些重复与该游戏本身是无干的，你玩或者不玩，游戏都在那里，不增也不减。持这种看法的人，就好像典型的柏拉图主义者，把"斗地主"游戏本身寄存在理念的天国里，而我们经验世界的游戏只是对该理想游戏的复制，即以同一的方式在重复这个游戏，或者说不断地"回忆"这个游戏。然而，更历史主义的看法是，这个游戏是在不断玩的过程中被实现出来的，它沉淀着人性，并且不断地在更新着、改变着，或者用德里达的话来说，"延异着""撒播着"。

于是我们可以以对待游戏般的严肃态度说，一切真理皆是游戏，因为一切真理也是在历史中不断重演和更新自身的，一切真理都是对过去的真理的重写（对原有游戏程序的重启）。没有永恒不变的真理，没有一劳永逸的真理。一个被写下的古老真理，就像一个被发明出来的游戏程序，它在不断被玩的过程中被检验，被修复 bug，被升级，乃至被抛弃。因此，在真理中谈论开端是幼稚的，像笛卡尔那样试图寻找真理的开端是无望的工作。开端总是对另一个更早开端的重复，如此等等。谈论开端的笛卡尔自身已经无数次地处于游戏的重复过程中，他饱满地吸收了从远古直到 17 世纪人类文明的成果，而他不能假装自己什么都不知道，在他掩耳盗铃地假设自己什么都不知道时，那些被重复过的知识预设偷偷地潜入进来了。当他谈有一个"思维"存在时，他已经是在重复曾被开端过的个体的观念、思维的观念、自我的观念。

游戏者对于游戏，就类似于经验对先验的依赖，而游戏对于游戏者的依赖，就像先验对经验的依赖。生命若没有某个可被重复执行的游戏脚本，是无法展开它的人性的。因为就像没有什么游戏本身一样，也没有什么人性本身，人性本身只是体现在对游戏的重复和展开中。作为程序规则的游戏是死的东西，而游戏的参与者是活生生的生命，一切存在活动的要义就在于这个"生死之间"：既不是生，也不是死，而是生死之间的重复活动。两个小孩子在一起玩的一个必要条件是，他们需要有可玩的东西！就像学者们开研讨会，总是要有个主题或文本作为交谈的中介物，在修辞学上，人们把它叫作"论题"。一方面，通过游戏者玩游戏的过程，游戏自身得到表现；另一方面，游戏者在表现游戏精神的过程中自身得到表现，他自身的生命借此得到展开。活生生的生命是如何展开的？它一定是在复活、重演"死的东西"的基础上展开的，它不能凭空展开。例如让我们来看看语言的游戏。我们知道，没有私人语言，人不能以私人的方式说一门语言，就像维特根斯坦说的，我们不能私人地制定规则并遵守规则，我们总是说着前人的语言，这些前人的语言对于我们而言首先是遗传下来的遗产，是死的东西。我们借这些语言来言说生命，言说我们的活生生的思想和体验，而我在重复这些语词的时候，我也是在赋予它们生命，并且更新这些语言，创造新的语词和用法。因此，每个人在讲话的时候，就类似于在再玩一遍我们的母语游戏，重启和升级一段母语游戏程序。既不能仅仅说我在说语言，也不能仅仅说语言在说我，而是两者兼而有之。因为语言对我来说不是任意的，它有其自身的强制性规则，我只能重复它，所以不仅仅是我在说语言；又因为我对语言的重复不是同一的重复，而是差异性重复，所以也不仅仅是语言在说我，而是我也更新了语言。

同样，艺术游戏也是如此。艺术作品只是在解释中才有其存在，每次对艺术作品的阅读都是对它的重演，但艺术作品的真正意义既不在欣赏者的主观意识之中,也不在艺术作品的自身存在中,而是在"生死之间",在对艺术作品的不断重复之中。所以人们也说,艺术作品一旦被创作出来,就摆脱了它的作者而具有了独立的不可预知的命运。但艺术游戏的不同之处在于,大部分艺术作品作为被重复的程序,本身并不会在被欣赏和接受中发生改变。小说不会在阅读中被反复改写,尽管经典著作总是不同时代中呈现出新的意义,但经典著作本身不会发生改变。这就使艺术作品有了危险的命运,因为它不随时代而改变,所以它可能会死亡和被遗忘。

时间的经验

人对时间的经验是可以非常不同的。有一回，在长时间忍受了城市里由各种 deadline（最后期限）所填满的时间，由议事日程、闹钟所分割的时间后，我回到乡下小住。差不多摆脱了现代计时装置，我在墙角晒着太阳，看着风摇动树梢，日头慢慢地西斜，脑海里忽然就闪现了一句话："无所事事地待在乡间，让时间像蜜一样在心头流过。"这让我惊觉，这种时间与镶嵌在现代城市巨大齿轮中的时间是多么不同。

当我们有时间从城市中短暂摆脱出来时，我们才感觉到，大部分人所习以为常的时间经验其实是病态的，这种病态能从很多方面表现出来。李子柒在今天受人追捧的深层原因也在这里。为什么人们更向往乡下时间，而排斥城市时间呢？因为一个是富有意义地流动着的，另一个则是碎片化的无意义；一个是有机的河流的意象，一个是无机的机械的意象。后一种时间经验是病态的，因为在那里人受到支配和异化。机器式的碎片化和无意义时间是人的生命经验被异化的其中一个体现。当人们掌控机器来为人类服务后，人同时也就卷入了由这架机器所支配的秩序当中，成为机器流水线上的一个环节或零件，因此，人同时也就受到机器的支配。人本来是机器的主人，但反过来却成为机器的奴隶，这就是黑格尔讲的主奴辩证法和马克思讲的异化，是现代人的荒谬生存：人的生命被迫嵌入时间计时系统中，使得不是人去度量时间，而是生命反过来被时间所度量。一方面，通过机器，我们从自然的压迫和劳苦的工作中解放出来，我们由此获得了更多"自由"的闲暇时间；但另一方面，通过这样一种操作，我们的时间在两方面都变得"无机化"了。首先，我们工作的时间成为受社会大机器主宰的时间，它们给我们分配了日程，人在一个他无法理解的机器中工作，并且感到自己被奴役和丧失意义。马克思对蓝领工作的分析也适用于今天的白领。工人的工作被社会大机器的流水线切割分离了：每个人只负责其中的一个小小环节，不能体会到它的意义。这使得他不能享受劳动的愉悦和成就感，他无法在其中进行创造和获得一种创造的满足，他甚至无法看到自己劳动的成果，更别提在劳动成果那里品尝到"丰收的喜悦"。工作对于很多人来说变成了无意义的过程，或者说它唯一的意义只是在于为自己赢得金钱，然后用这些金钱去购买闲暇的"享受"的时间。这就是为什么越来越多的人会像马克思所描述的那样，"像逃避瘟疫一样地逃避劳动"，尽管工作本应是人最大的享受所在。

其次，更荒谬的是，人们凭工作所挣得的时间，也变成了人的噩梦，成为需要打发的时间，需要杀死的时间（kill time），因为今天的人们有空闲时间，却丧失了"闲暇"的能力，丧失了无所事事而又感到幸福的能力。克尔凯郭尔曾说，能够在闲散中而不感到无聊，是人真正高贵的标志。我们不妨留意一下，今天的人们在候车的时候、在等人的时候，以及在一切空闲的时候，有多少人能忍住不拿出手机来逃避无聊？我们今天很难想象古人的生活，他们甚至需要经过几个月的旅程才能抵达一个地方，他们用很多天来等待一个朋友的归来。现代人即便在一刻的空闲时间里，也无法逃避无聊的恶魔，因此我们拼命地用各种琐碎信息来填补我们的时间。很多人在刷朋友圈或抖音的时候都有这种体会，一方面他感到了深深的无意义，另一方面他又似乎很难摆脱它们。朋友那些吃喝玩乐的日常，明星那些鸡毛蒜皮的家事与我何干！连刷几个小时短视频的人常感到时间过得飞快，同时又感到自己什么也没得着，这些东西的唯一意义似乎就是帮助我们打发时间，以躲避无聊的恶魔。朋友圈和短视频的真正意义，恰恰在于它是无意义的！对于我们来说，重要的是不要让注意力空闲下来，关键不在于给我什么东西，只要你给我点东西就好。如同一个强自镇定的人，需要随便什么东西来稳定他惊慌失措的灵魂。麦克卢汉说，传播信息的发展已经到了这样的阶段：重要的不是传播什么，而是怎么传播。而我认为，对现代人来说，重要的甚至不是信息的传播方式，而是有信息本身。我们所需要的不是某种信息内容，而是能够打发时间的消遣活动，手段本身倒过来成为目的。

除了消遣，人们还用出卖自己工作时间挣来的钱去消费，而消费活动马上也掉入了资本的"制造欲望"的陷阱中。在这里，人们"自由地"通过广告、杂志等媒介，去追求自己想要的东西，但这时人是受摆布的，因为我们欲望的是他人和社会让我们去欲望的东西，而不是自己真正想要和应该要的东西。广告告诉我们"你值得拥有"，广告制造出虚幻的欲望，借此兜售它的产品从而帮老板实现利润，而人们则在这个追踪欲望的游戏中迷失自我。于是,在现代资本的游戏中,"韭菜们"一方面在工作中通过为老板创造剩余价值而被收割一次,另一方面在消费中通过奉献金钱和时间帮助老板兑现利润而再被收割一次。我一度很不理解,为什么很多人会愿意一连花一两个小时在手机上逛淘宝,尽管有时候他们什么也不买。现在看来,这种活动受欢迎之处恰恰在于它同时满足了消遣和消费这两大需求。

当人在工作和闲暇时间中失去了对自己的支配时,我们的时间就被抽干了意义,成为无机化的原材料或废渣。它的一个特征就是,我们的目光被牢牢地束缚在眼前之物中,被束缚在当下。现代人的口号是"活在当下"。为什么我们要活在当下呢,因为我们和自己的过去、未来失去了有机联系,每一个时间都被分隔了,成为需要填补的间隙和空格。这就是说,我们缺乏一个能够将过去、现在和未来贯穿起来的东西。我们没有感觉到自己是在继承前人的遗业,也没有将自己的事业与我们的子孙后代联系起来,没有在立足于历史而朝向未来使命的过程中让自己的生命充满意义。我们的时间好像是散落一地的碎片,而不是连成一串线或构成一条河流。"醉生梦死"是一个对我们非常适合的描述。醉和梦(无意识)的共同点是时间意识的消失。人在醉的时候,仿佛将过去和未来全都排除出我们的视野,什么也不用想,什么也不操心,我们完全被当下占据,唯一重要的是让什么刺激来填补眼前的这个瞬间。所以,这种时间也是一种无根的时间。人们常说,现代人的生存是无根的生存,这是因为我们丧失了和我们祖辈的联系,丧失了和这片土地的联系,没有感到自己的生活和事业是前人奋斗的延续。在城市的摩天大楼的公寓中，我们彼此陌不相识，每个人活得像孤岛，我们没有一个共同的祠堂，没有建立与祖辈的血脉联系，没有构筑起彼此的共同记忆和生活空间。

如果我们只关注当下，只活在当下；如果我们醉生梦死般地生活，那么我们将失去时间经验。我们知道，人在听音乐时，如果不同时让过去的瞬间和未来的瞬间在当下保持，如果不是同时有对过去的记忆和对未来的预想，那么我们将听不到任何旋律，我们顶多只能听到当下那个唯一的噪音。在某种意义上，我们所谓的信息时代就带有这样的特征。在今天海量信息的时代，人是健忘的。各种热点层出不穷，每天都会滚动着新的热搜事件，并且转瞬又被覆盖。我们的时代是由同质而又无意义地不断取代的公共事件组成，这是非常可怕的。发生一个热点事件之后，能摆脱它的最快方式就是等待另一个事件取代它，以便使前者被遗忘。一个取代另一个，一个被另一个所掩盖和遗忘。于是我们的时间中充斥着毫无规则和联系、只是在短暂的一个瞬间吸引我们眼球的东西，我们的时间中唯一能剩下来的只是当下一刻那尖锐而无意义的喧嚣。我们的时间破碎了，换言之，我们的存在解体了。当你在刷抖音时，你会去记住你刚刚看的前一个视频是什么吗？不，那不重要，重要的是眼下刺激我们眼球的东西。

时间河流意象的内核就在于，它有一个源头和一个终点，因此时间的每一个瞬间都通过这个起源和终结而被赋予了意义，因此这个时间是强健有力的，在这个时间过程中，空闲的闲暇也是伟大的幸福，而不是噩梦般的无聊。例如，一个人自己种植蔬菜，他从种子发芽到照料它成长结果，或者一个人手工制作陶器，将自己的想法贯注到陶器的创制中去，在这个过程中，当他在等待果实灌浆时，在等待陶器烧制定型时，他是充实的，他在追抚过往和憧憬未来中感到满足。但是，流水线上纺织工的工作既没有属于自己的过去，也没有属于自己的未来，他是纯粹机械的，他的每个时间瞬间都被粉碎成了同质性的颗粒，而找不到贯穿它的开端和终结。厨师看着美食经自己的双手做成，看着顾客享受美味时的愉悦，他觉得自己的工作是有价值的、有意义的，这是事情本身能给人带来的意义，这种意义使他的时间成为有机的河流。但高效的现代机器上的工人无法从事情本身中获得内在的利益，而仅仅以工作为手段，借此去获得某种外在的利益（金钱的回报）。

工作本身是能给人带来内在利益，还是仅仅给人带来外在利益，两者的区别是十分重要的。因为对人最大的惩罚，莫过于让他从事像西西弗斯那样毫无意义又没有尽头的工作。例如，教师教书育人本来是一件富有意义的工作，老师以其人格才识引导年轻学生成长成才，与学生建立亲密温暖的关系，他在学生的成长中获得成就感，在自己的工作对社会的价值中感到心满意足。但现代的教育制度，却越来越容易让这种内在利益丧失，使老师沦为上课的机器，使教书成为单纯谋生的手段，成为对人的惩罚：为了更高效地从事教学活动，现代教师只需专攻一个学科，甚至只上一两门课程，以便将它们打磨得尽可能完善。他重复地给不同的学生讲同样的内容，甚至年复一年地讲。而作为高效化的后果，他面对的学生又太多，师生交流仅限于课堂教学，这使得老师不了解自己的学生。老师和学生相互外在，如同流水线上的纺织工与织物彼此处于完全外在的关系。

为了让时间成为流动的有机时间而非碎片化的无机时间，需要两个本身非时间的东西：一个是某种类似于理想、理念或目标这样的东西。这些东西本身是无时间的，人们往往把它们看作是永恒的，但这个东西能够像一条红线一样，将我们的生命过程贯穿起来，因为它首先作为人们所有努力所朝向的终点，将我们的生命时间组织起来，而后凭借这个"向终结存在"，人们重新去理解自己的过去，把握自己的过去，承担起自己的命运，并且把自己的现在看作是对过去遗业的继承，从而实现人的"向开端存在"，而在这个过去和未来的过渡之中，我们当下的时间得到界定，我们感到自己的时间是有始有终有方向的，只有这样，人才能"被自己命运的打击击中"，感到自己处于生命的河流之中。这个理想、理念或目标之于人的生命时间，就像一篇文章的主旨之于它的散乱杂多的材料，凭借这个主旨，杂多的材料才得到整理，每个材料在朝向主旨的过程中获得其相应的意义和价值。另一个是本身非时间的杂多材料，它们是人每天会遇到的事件，是各种意外和偶然性，是人们被给予的每个瞬间和在这些瞬间被给予的东西。它们充实了我们的生命经验，滋养了我们的时间，但也只有我们最终克服了它们，我们才将它们转化为时间经验中的一部分。生命中的意外、偶然性、挫折是人前进中的阻力，它既是阻碍我们的东西，也是促进我们的东西，如同岩石的阻挡使时间河流波澜起伏浪花翻腾。

因此，一个有活力、有创造力的时间经验，就如同一个有力的呼吸。一方面，它要能够凝聚到足够的高度，即致力于更崇高的、那接近永恒的东西。我们越是将我们的生命投入一个伟大的、无限的事业中去，我们的时间将越充实而有力。一个人假如将自己家庭的幸福当作奋斗的目标，那么他的时间也会获得一个方向，他的生命和经验也会由此被组织起来。但这样一个较低而平庸的目标无法组织起广泛而丰富的生命体验，人类历史和他人生命被关闭在这之外，成为与他无关的东西。因此他的视野是相当狭窄的，而当这样的目标实现后，他就立刻失去生命的意义和时间的方向，因而不得不重又陷入醉生梦死的时间。所以，我们需要更高、更接近永恒的目标，只有这样才能给我们更彻底的拯救和更持久的方向。

另一方面，它又要扩展到足够的广度，即让自己的生命经验足够开放，去接纳那些不同的经历，并且赋予它们不同的意义和解读的可能性；否则，我们的时间经验就会是贫乏的。我们经常会读到这样一些蹩脚的小说，它们的确有着明确的主旨，但它们又是如此地贫乏，以至于所有的情节都显得是该主旨的"图解"，仿佛所有的故事和情节的唯一意义就是去说明那个主旨，除此之外没有别的意义。我们很多人可能就把自己的生命活成了这样一本贫乏的书：他的每个经验都没有自身的意义和丰富性，而是只有作为实现那唯一目标的手段才有意义。就像在一个集权专制的社会中，每个人都是唯一目标的螺丝钉，且仅仅作为螺丝钉而存在，因此个体是可以被牺牲的。而在一个个体的时间经验中，他的每一个时间瞬间都没有自己的意义，而只是作为致力于唯一目标的手段才有意义。这样，他的生命就极端地贫乏化了。这种不够开放的时间经验，往往充满了"为了"和"牺牲"的字眼，一个瞬间只是为了下一个瞬间而存在，而没有自身的存在意义。例如，人们曾讨论童年的意义。有一种观点认为，童年是成年的准备阶段，因此，童年的唯一意义就是让我们顺利、健康地成长为心智成熟的大人，除了实现这一目标外，童年本身没有意义。而另一种观点则认为，童年不是为了成年而准备的，而是它自身就是意义，或者说，童年不应该是某个目的的手段，而是自身就是目的，童年的意义就是享受童年，就是去经历一个快乐的童年经验，去拥有童年的美好记忆。因此，那些强加给童年的痛苦学习和技能训练，都是对生命经验的戕害。人生命的每一个瞬间都应该是独特的、美好的，都有其自身不可剥夺的意义，它不应该成为另一个瞬间的手段。

前一种观点中的"为了"结构是十分可怕的。我们看到，很多中国人的生活就毁在这种"为了"的语法中。他的童年是为了成年而准备的，而他的壮年又是为了老年而准备（"年轻时多吃苦，以免老来受苦"）的，然后老年又为死亡做准备，这样他的一生都消失在死亡的虚无之中。类似地，上代人好像总是为了下一代人而活着，为了子女而牺牲自己的生活，而下一代又为了再下一代而活着，如此以至无穷，这样每一代人最终都没能真正为了自己而活着。克服这种威胁的方式，就是不只将每段时间经验当作朝向目的的手段，而是同时也当作目的。比如，一本好的小说，要有无限丰富的可阐释空间，它的每个情节、每个人物既是为整体服务的，同时又有自身的独立性和丰富性，仿佛这些事件也能够独立持存，可供反复咀嚼，而不会在某个明确的主旨面前透明化并消失。但另一种观点如果走向极端，也是危险有害的。如今在年轻一代中盛行的"快乐童年"论,在我看来就有滑向"活在当下"论的倾向。尽管童年不仅仅是成年的准备阶段,但将童年和成年割裂开来,也将使我们的生命经验碎片化并失去意义。谁有权要求童年一定是快乐的?童年不是应该包含一定量的必不可少的痛苦成分吗?事实上难道不是从成年出发去反观,童年才显得分外美好,就像努力的结果为奋斗过程赋予意义一样?

因此,富有活力的时间经验,既需要以崇高的理念为指引,用强大的凝聚力去整合生命经验,以朝向某个富有意义的目标,如同心脏进行强有力的收缩以将血液泵出到动脉,同时又需要足够的宽度和广度去接纳经验的丰富性和异质性,如同心脏强有力地扩张以纳入新鲜血液。一个富有创造力的人,就是在时间经验的这两个维度上都足够强大的人。虽然有的人可能在前一方面较为突出,而有的人在后一个方面更为优秀,但只要维持两者之间的张力关系,就都是健康的时间经验。但如果这种张力关系破裂,一方过于强大而压倒另一方,那么就会沦为病态的时间经验,例如极权式的个体有机体或社会有机体就是第一种典型,而现代人活在当下的观念就是第二种典型。

直观、直觉与同情

人们可能听说过，现象学的方法就是所谓直观的方法。但什么是直观？假如有人有一堆数据或一些抽象的想法，为了便于理解，他将之制作成了图表，我们就说，这些图表使对象"直观地"向我们呈现。直观在这里指"形象"：一个具有图像内容的对象向我们呈现。于是很显然，一切直观都与某种能给予感性内容的"象"（图像、形象、对象）有关。例如，文字"桌子"不是直观，而是一个概念，而对旁边的一张桌子图像的观看，就是直观。与直观相对的，是"符号意识"，这种符号意识只有抽象的含义，而没有直观性内容的填充。假如你看到"桌子"这个词，在脑海里浮现了桌子的形象，那么这时候你就具有了关于桌子的直观意识，而不再是符号。由此可知：

第一，直观虽然采用的是视觉隐喻，但不一定要用肉体的"眼睛"，而是只要关涉感性内容，就需要用到直观。例如，对某种气味或触觉的感知，也是一种直观。

第二，直观也不一定要用人身体的感官，我们也可以谈到心灵的直观，"用心去看"，这意味着直观可以在大脑的回忆或想象中完成，只要是大脑调用和观看形象内容，那么它就是在直观。例如,所谓的现象学直观,在绝大部分甚至所有情况下,都是心灵直观,而不是指用肉眼看,尽管这种感官直观是一切材料的最初源泉。例如,如果有人谈到"独角兽""方的圆""甜的红色",那么我们就可以通过直观想象的方式去验证它们,并且谈到它们的现实性与可能性。

但是,我们通常的直观,在很多情况下都只是伪装形式的符号意识,即直观仅仅变成了感觉材料的填充。例如,当人们看到一棵树时,人们往往是将其"看作"一棵"树",而这棵树的具体性状、颜色、特征成为对符号"树"的一个材料填充,整个直观过程就像小孩子在玩图画填色游戏,他看到的是他曾经认出的东西、事先已经具有的东西。在英语和法语中,认识的字面义都是"再认"。

然而,这个原有的含义或符号也不是凭空来的,而是以前从直观被给予的材料中得出的。这个世界上并不是先天就有作为概念或观念的"树",否则就是预设了柏拉图主义的理念论和回忆说。我们认为,"树"是我们人作为认识主体从直观中被给予的材料那里构造、构建出来的,所有知识和概念都可以追溯到一个"原创建",虽然大部分的原创建是前人而不是我自己创建的。假设有一个原始人或外星人穿越到地球,他看到了一把锄头,那么他肯定不会把它"看作"锄头,而是看作奇怪的棍子或一个无法理解的东西,只有对农业和耕作的整个文明体系有所了解,具有了相应"视域"后,锄头才作为"锄头"而被构造起来,这个直观内容才成为一个明确的"对象"。因此,尽管表面上直观只是填充物,但含义从发生的起源上讲还是来自直观,而且判断所有观念和抽象思想的衡量标准,也是直观的明证性。例如，"方的圆"的谬误可以通过诉诸直观来判定，"今天下雨"也可以通过直观而得到充实和判定。所以胡塞尔说，"每一种原初被给予的直观都是认识的合法源泉"。

因此，我们所有习以为常的直观，都是以前人的含义构造活动为基础的。我们学习语言和该语言所植根的文化，就是借此获得那种符号意识的眼光（所谓"空乏的含义意向"），然后再用这种前人给予我们的眼光去"看世界"，这就免去了每个人重走一遍文明历程的漫长过程。我们总是在重复前人思想的基础上去继续思想，所有前人的主动含义构造的积淀，就构成了我们今天进行直观的眼光或"视域"。我们今天的所有文化成就，都可以回溯到历史上最初的原构造。

但我们在进行直观时，也并不是纯粹地重复前人的成就，否则人类的文明和知识就陷入停滞和死亡。当我们利用前人给予我们的眼光去直观时，可能会面临以下情形：（1）我们只是单纯证实了前人的符号意识（含义意向）。例如，我看到了一棵树，这个树完全符合我们之前对树的预想，此时，我们的直观相当于单纯填充了空洞的符号意识。知识没有发生进步，我们在重复和再次印证前人的知识。（2）我们通过直观，获得了对该对象的更详细的规定，从而充实和丰富了我们的认识。例如，前人有关于"细胞"的观念和初步知识，后人在研究中，以此为理论视域去观察该对象（任何直观观察都包含着理论，以理论为视域），进而获得了对细胞的特性和功能的更丰富知识。这些更新的知识再次将成为后来直观的理论视域。（3）通过直观，我们发现了前人的错误，从而修正了前人的观点。也就是说，在直观对空洞符号意识进行充实的过程中，没有得到充实，而是出现了"失实"。例如，前人认为鲸鱼是鱼，具有鱼的习性特征，后来人们发现鲸鱼实际应该属于哺乳动物。（4）通过直观所被给予的材料与既有视域发生越来越多的失实，或者有完全不可预料和无法规定之物出现，使得原来的整个理论框架发生动摇，乃至完全被瓦解，一种新的革命性的解释框架出现。在认识论上，人们也称之为科学的范式革命。

在这整个过程中，我们不难看到，直观成为认识前进的根本驱动力，但这里的关键在于，在直观中有某种"预先被给予"的东西超出我们的预想和规定，它不是一个已被规定好的"对象"，不是在我们既有的视域中可被解释的被给予者，而是有待被规定的东西，是我们在既有视域中出现的一头怪物。它激活了我们的思想，迫使我们去重新思想，要求我们构建新的观念、知识去重新把握世界。在这个过程中，被直观的现象具有优先性，它"溢出"了我们的视域或符号意识。如果被给予的现象不符合观念，那么就应该修正观念以适应被直观的现象，而不是反之。也就是说，不是人去规定对象，而是人受到"预先被给予"的不可规定之物的影响并发生改变，因为后者总是超出我们的预料，并迫使我们去重构思想观念以把握对象。

但是，按照上面的描述，人的整个直观活动就类似于一种撒网捕鱼的活动，人们用某种预先做好的概念（空乏符号意识）或视域之网，去直观被给予我们的所有现象。如果没有这种概念之网（用康德的话来说就是范畴），人们就什么也看不到。举个例子，如果一个普通人看到最近被拍摄的黑洞照片，它从中什么也看不到，只能看到一团意义不明的红色和黑色，只有通过现代天文物理学家的整个知识之眼，他才能看出黑洞的形态，或者才能看到广义相对论的证据。但这同时就带来一个致命的问题：通过这种眼光、这种视域，人们就只能看到那被人预先放入对象那里去的东西——这体现在康德的著名口号中：认识不是让人符合对象，而是让对象符合人的认识。用通俗的话来说，就是人只能看到他愿意看到的东西；用专业的术语来说就是，一切意义都是主体赋予（强加）给对象的意义；又或者以我们所使用的隐喻来说就是：网只能网到符合网眼大小的鱼。因此，用什么网捕鱼，预先规定了捕到的鱼是怎样的。如果你用 2 英寸网眼的网去捕鱼，那么你就不可能捕到 1 英寸长的鱼，但我们不能由此得出一个规律：世界上不可能有小于 2 英寸长的鱼。

这就是说，按照上述描述，人们的直观行为和武大郎开店好像没什么区别：不是世上所有人都是矮子，而是只有矮子才能在应聘中被筛选出来；同样，世界不是我们所看到的那些事物，而是只有符合我们概念和视域之网的事物才能被我们看见。例如，医生直观诊断模式与武大郎开店就堪可类比：医生用一整套的概念框架去把握疾病，将所有被直观到的现象放到这些框架中去套，当有现象符合其中的某些症状或表征时，它就被视作某种疾病，并采取相应的方法治疗。假如现象不在这些框架里，医生就会直接忽略它们。例如，患者主诉中的大部分内容其实都被医生视作临床诊断中无意义信号而被忽略。类似地，科学家在科学实验时，会把大量偏离预想结果的数据视作无意义的实验"误差"。今天人们说医学有"见物不见人"的弊病，问题就出在整个现代科学和认识论的基本模式上，其中首就是直观的模式上,这种模式使大量真正有意义的、活生生的东西被排除了。

但显然,我们这么说仅适用于直观活动的其中一个环节,对于整个直观活动来说显然是不够公正的,因为我们前面不仅谈到了人用概念之网去捕捉对象(让对象符合人),同时也谈到了当对象不能被规定,即当有不符合网眼的"预先被给予"时,我们会修正视域,重新去构建新的符号意识或科学模型来说明和把握它,也就是说,主体调整自己以符合对象。这是一种想象创造活动,需要天才。这样,在主体与对象、既有的理论视域和超出该视域的不可解释之物(胡塞尔称之为"触发")之间,就有一种"辩证"的相互作用,在这种辩证的相互适应、相互修正的过程中,人的认识向前推进,人的视域越来越广,能够解释、预测和支配的现象越来越多。直观和理论之间的相互作用,展开的正是黑格尔所说的朝向绝对知识的辩证过程。在这个过程中,直观之眼所感知的世界变得越来越透明化,越来越具有"可理解性"。

然而,尽管上述关于"直观"的描述能很好地解释人的认识行为,但在我看来,它依然是一种对直观活动的抽象,或者说只是一种特殊的直观行为,而不是最原本的直观行为。所谓更原本的直观行为,我们也常常用"直觉"来描述它——有意思的是,在西方语系中,它们是同一个词,大多没有区分这两个概念的词。首先,在我们最初的描述中,我们是以"符号意识"(概念框架)去直观对象的,那么,在这时,与其说是"人"在直观对象,不如说是"概念"在直观对象。也就是说,这时候无论谁去直观，只要他采用这种方式去直观，那么他直观到的内容就是相同的，概念框架排除了主体自身的差异，使这种差异不构成理解的障碍。不是人直接去把握对象，而是人借助了一种中介去把握对象，这种统一的中介消除了认识者之间的主观差异，使人成为纯粹和冷冰冰的认识机器。在现代自然科学的直观方法中，这一点达到了顶点：通过数学和科学测量的技艺，认识完全排除了认识者的主观因素的影响。因为一般的概念或观念，还具有很大的主观解释的空间，因而无法保证其客观性，而只有通过将概念转变为完全可量化的概念，借此使主体与认识对象拉开距离，才能排除主观性的影响，从而达到认识的精确性。对于严格的科学观察来说，直观者采取外在的观察方式，通过观察可量化的指标来把握对象，这使得直观者变成了冷静客观的认识者（他的特有生命经验对直观活动不产生任何影响），使得直观变成了测量和识别。

其次，当我们谈到"理论视域"时，一方面，我们是以概念和理论装置为框架去直观，但另一方面，这些概念和理论装置不是以纯量化的方式起作用的，而是通过习性积淀，成为直观者的理论"眼光"（直觉、本能）。一方面它通过了客观范畴的中介，但另一方面这些客观概念装置又是通过主观起作用的，是被主体"内化"了的，因而已经带有了个体性，而不是纯粹客观化了。例如，一个经验丰富的专家在诊断疾病时，一方面，用医学的概念装置去识别诊断；但另一方面，这些客观的理论知识已经被他"内化"了，成为他独一无二的老辣的眼光或直觉，他携带有自身良好的分寸感和判断力。简言之，他的生命经验（悟性、判断力）已经参与到科学观察之中。在自然科学活动的较高阶段，这种主观性的直觉将变得越来越重要。

最后，当我们更进一步地直接谈到经验"视域"时，它意味着概念、理论装置以次要的方式起辅助作用，直观现在变成了个体全部生命经验和人格习性积淀投身其中的直观行为。认识者不是从生命中摆脱出来，以无立场、无偏见的客观方式去认识对象。例如直观对象的颜色，不是要摆脱主观性而以波长等客观工具去把握它，而是如同艺术家那样去感受和经验它。由此，直观就变成了一种解释学式的"理解"或柏格森式的直观：不是要摆脱自己的主观生命经验，不是要排除直观者的前见/偏见，而是让自己的前见（全部生命经验和人格习性积淀）发挥作用，它需要我们以爱、同情的方式去直观，而不是冷冰冰的观察。客观、可普遍化、可证实、无历史的直观，应该转变为"用生命去理解生命"的直觉。科学的直观只是原始生命直觉的一种特殊化、纯化形式。当我们去直观一个人时，不是去阅读、诊断和识别，而是参与到对方的生命中，与对方同呼吸共命运，这同时也意味着有良好的共通感、判断力和趣味。

按照柏格森的说法，如果我们通过概念、理论装置的中介去直观，那么我们就把活生生的时间绵延给空间化了，即变成了僵死的、割裂的对象，将生成转变为自身同一的存在者，使世界被人为地划分为彼此分隔的实体和概念。伽达默尔称之为对生命经验的理智化。科学用这样一套概念框架来把握对象，是出于实践的需要，以实现对对象的操纵，这自然有其存在价值，但这并不意味着是对世界的准确认识，对生命的直接认识只能通过直觉来进行。所以，按照柏格森的描述，直觉活动总是一种富有历史感的感知：当我们进行直观时，我们将自己的全部生命经验，包括我们的独一无二的记忆和对未来的希望投射，凝聚和压缩到当下的观看活动中去，渗透到被直观的绵延中去。直观者和被直观者不是主客对立的，而是两个绵延的生命体相互融合，以一种谐振的方式和谐运动，借此达到对生命的整体把握。在中国古人对自然和万物的观看中，我们常常能发现这种直观方式：一种与万物并生的物我两忘、天人合一之境界。

因此，直观也总是同情。这种作为同情的直观或直觉不仅适用于对他人的直观，而且也适用于对他物和自然的直观；不仅适用于作为伦理道德的直观，也适用于作为认识的直观。在对他人生命的理解中，同情式直观尤为凸显。我们说的同情（Sympathy）和移情（同感，Empathy）有着细微的差别：当我们强调伦理道德意味时，我们说同情，反之则说移情；当我们强调两者的一同经历、共同感受时，我们说同情，而当我们强调设身处地的代入感受，强调经验的想象迁移时，我们说移情。需特别注意，在我们同情地直观他人时（例如，我们希望医生以这种原初直观方式去感知病人，而不是以冷冰冰的观察方式去感知病人），它不是一种分为不同阶段的活动：我首先如同客观地感知物一样感知到一个人，然后以类比推理、联想等方式去猜测他人的内在经验；相反，它整个是原初的直观行为，我们将自己的爱恨情感和历史经验融入对他人的直观中，从而渗透进他人的内心。例如，我们不是看到别人哭，然后以猜测推论的方式得知别人的痛苦，而是我们"直观到他人的痛苦"。

这点在儿童那里很清楚：婴儿在懂得复杂的推论之前，就已经能够直观到他人的内在经验。对儿童来说，理解一个没有痛觉的桌子，比理解一个感到疼痛的人要更为困难，而不是更为容易。在儿童那里，作为同情的直观是直观的原初方式，只有在经过一定的学习和训练之后，他们才学会观察式的看，以看到一个客观物。普遍同情的直观在成人那里依然以本能的方式残留着。设想，在旧式楼房中，设计有一种垃圾通道，高层的人可以借此直接将垃圾扔到楼下，假如你将一个瓶子或什么废弃物扔进这个通道，然后半分钟，你听到"砰"的一声，东西砸向地面，这时候，你会情不自禁地肌肉紧张，并且仿佛感觉到东西被砸碎的疼痛。这时，我们对"砰"的声音的倾听就是一种同情式的直观。所谓的"感时花溅泪，恨别鸟惊心"，不是特殊的直观方式，而是原本的直观方式。我们出生意味着我们从整个生命河流中分流出来，因而我们最初和这个世界是一体的。后来慢慢地，婴儿才构造出自我，识别出自己是一个不同于世界的"自我"。如果小孩摔跤了大哭，大人们会一边拍打凳子一边安慰小孩："都怪凳子，凳子坏，害得宝宝摔跤，打它。"大人之所以采取这种方式安慰小孩，恰恰是因为这符合小孩的理解方式。儿童都是"泛灵论者"，他们相信万物有灵，他们以同情式直观的方式去理解万物和他人。在经过科学式观察的训练后，人们才慢慢学会主客二分的直观方式：将自己看作是认识主体,而将对象视作不以主体意志为转移的客体。

这两种直观方式的差别，可以从爱抚与触摸的差别中看出。在身体的亲密接触中，我们以何种方式去直观，投入怎样的情感和生命经验去直观，将导致截然不同的知觉意识。如果你与倾慕的"女神"礼节性地拥抱和握手，你不会有什么特殊的感觉，尽管你们有亲密的身体接触。因为在触摸时，双方的直观都不带有情欲的投入，而是以疏离的方式展开纯粹认知式的感知，就像画家在裸体写生时，裸体不会是欲望的对象，而只是光影的呈现。但如果你尝试与恋人第一次牵手，这种爱抚就具有完全不同的体验，人们将之描述为"触电"般的体验：在爱抚时，彼此有情感的投入，抚爱者的情感投入唤起被抚爱者的情感投入，彼此渗透到对方的生命感受中去，同时又体会到一种新奇的陌异性，并在自我与陌异性的试探与接纳中，双方感受到柏格森所谓的潮汐般的共振。而当两人已经成为夫妻，十分熟悉时，人们可能会达到仿佛"左手摸右手"的另一种触摸体验。但所有这些带有同情的触摸与另一种纯粹认知的触摸有着鲜明的差异：例如，医生的触诊，在认知的触摸中，直观者不带任何个体生命经验投入，他单纯地以概念之网去直观，因此他是一个中立的、程序化的客观观察者，居高临下地阅读、辨别、把握被直观者的表征。由此他所直观到的，也就仅仅是某个认知的成就。与之相反，爱抚则不用任何概念，不去试图理解，爱抚是一种完全充实而又盲目的经验，它单纯地陶醉在触感的愉悦中，停留在这种享受中而不试图去抽象它。

总而言之，最原始的直观最初是原始未分的：它既包含道德的因素，也包含认识的因素，而纯粹道德意义上的同情和纯粹认识意义上的观察都只是对它的抽象，或者说是其分化出来的极端形式。按照胡塞尔的观点，移情（同感）只是直观意识方式中的一个细分类型，但是按照我们的观点，同情是所有直观意识的内在规定性。

于是，我们所讨论的直观，就从最贫乏的认知式的观察，过渡到了更丰富和更内在的直觉，最后进展到了更具伦理和情感色彩的同情。我们以何种方式去直观，决定着我们能够直观到些什么。一般而言，就像审美经验告诉我们的，直观活动的规则总是：我们愿意向对象那里投注的越多，我们从中收获的也就越多；同时，如果我们自己拥有的越多，我们通过直观得到的也就越多。所谓"仆人眼里无英雄"，贫乏者的贫乏视域使他只能看到贫乏的东西，就像苏东坡与佛印的故事所讲的，心中有佛，才能观人是佛。为了让我们的直观更具洞察力，我们需要具有更丰富、深刻、宽广的生命经验，以及更愿意冒险投注激情的意愿。于是，我们就能理解胡塞尔说过的那句话：直观不是睁眼就可以办到的小事，而是需要长期艰苦的努力。

爱、理解与宽恕

设想两个朋友或一对夫妻吵架，其中一个人抱怨："你一点都不理解我！"或者："我希望我们之间能够多一点理解。"这时候理解指什么？它可能指认识论意义上的理解，即我们要对对方的所思所想有更多的"了解"，能够明白对方的行为逻辑，甚至能够加以预测。这时候，理解一个人，类似于看懂一本书。但当我们说"多一点理解"时，理解也可能指道德意义上的理解。虽然你不"了解"我的想法，但我仍然希望你能理解我，即理解我和你的想法是不同的，这时，我们也会经常以同义叠用的方式说，"尊重和理解"或"理解和同情"。换言之，对不理解之物表示理解，意味着尊重和同情。当人们喊着"理解万岁"的口号时，这里的理解肯定不是强调认识层次上的"了解"，而是强调道德层次上的设身处地为对方考虑，并且谅解对方基于特定处境而采取的不同的做法。这时候，毋宁说承认对方的不可理解，才保证了理解的可能性。

这也就是说，认识论意义上的理解和道德意义上的理解（对不理解的东西表示理解），既是同一个东西，又是相互取消的东西：如果有认识论的理解，就不需要道德的理解，甚至就摧毁了道德理解的可能性。例如，我们常常会遇到一些暴力的理解者，他们不是尊重这种距离和差异性，而是习惯于以己度人（"我还不理解你"或"我还不知道你"）。当西方中心论者将不同于西方文明的文明视作野蛮，或国内的崇古者在西方思想中总是看到中国的"古已有之"时，就属于这种毛病。同情式理解只有基于对对方的爱才可能，或者说，在第二个意义上，理解无非就是爱。

在纯粹的认识论意义上的理解和纯粹道德意义上的理解之间，存在着中间状态："同情地理解"，它揭示了两者的相互成全关系，而非相互取消关系。此时理解以了解为目的，但为了要了解，我们必须同情和爱。也就是说，作为爱的一种形式，同情有助于理解，是理解的条件。一个历史学家要理解历史，必须对历史人物加以同情式的理解，此即"爱给予洞见"。这种中间状态又可以区分为两类：一类是"同情以便了解"，同情（对作者意图的心理学解释）是实现存在论理解范围扩大的手段，目的是实现真理，实现理解的"视域融合"。这就是海德格尔和伽达默尔解释学的道路。另一类是"理解以便同情"，他人的"私人经验"不是理解的手段，而是理解的目的，即理解的最终目的是尊重对方，关心对方的内心感受，给予对方情感上的支持和慰藉，这是更加偏向伦理学的浪漫主义解释学道路。当我们强调理解的认识论维度时，我们更多是在"移情"，理解的能力就体现为一种意识"迁移"能力，我能以想象的方式设想他人的经验，从自我经验向陌生经验迁移；当我们强调理解的伦理学维度时，我们更多是在"同情"，即和对方感同身受，将对方作为我们爱和尊重的对象。

第一个极端，即纯粹认识论的理解（无同情地理解），它的代表是自然科学的外在式理解，即"说明"。按照自然科学（精确科学）的理解方式，理解必须是客观的，不以认识者的主观性为转移，因此，理解不能掺杂认识者的主观情感，而是通过对事物的客观、外在和可量化的观察和概念去把握对象。例如，现代医学对疾病的理解有一整套量化的指标，医生依据这些诊断标准去"理解"病人的病情，这意味着，只要经过严格医学训练，那么不同医生对同一种疾病的诊断和治疗方案在理想情况下应该是趋于一致的。同情非但不是有用的，甚至是必须排除的。

第二个极端，即纯粹道德意义上的理解（无理解的同情），则是纯粹的爱和纯粹的宽恕。所谓纯粹的爱，就是作为纯粹给予和奉献的爱。在这里，了解构成了对爱的否定（正如在纯粹认识中，同情构成了对认识的否定，使客观认识受到污染）。这就通向了我们曾谈到过爱的悖论：如果你爱你所爱的对象，那么你不是真正的爱，而是自爱，因为你只是在欲望你所欲望的东西；而如果你真正去爱（给予和奉献），则意味着你要去爱你所不爱的，例如，爱你的仇敌。

于是，爱与理解之间就具有双重关系：如果爱是不纯粹的爱，即作为爱所爱者的爱，那么爱与理解之间具有相互促进的关系：爱给予洞见，我们越是能够同情式地去理解，将自身的情感、人格、全部生命经验投身于理解中，我们就能更多地理解；而我们越理解，即认同对方，我们也就越爱对方。而如果爱是纯粹的爱，即作为爱不可爱者的给予与奉献之爱，那么两者就构成了相互否定的关系：越是理解（认同、同一化）对方，就越消解了爱，使爱变成了自爱；越是无条件地爱对方，我们就越不需要理解，越使理解变得无用。

作为给予和奉献的真正的爱（对仇敌的爱），就是宽恕和自我牺牲。这里的宽恕也是指严格意义上的宽恕，即作为纯粹礼物的宽恕。同时，也就有一种不严格的宽恕，即不是作为给予，而是作为交换（通过交换实现自爱）的宽恕，它可被称作是"谅解"或"和解"。于是，在这里，宽恕与理解的关系就重复了爱与理解的关系：纯粹的宽恕与理解相互排斥，而不纯粹的宽恕与理解相互成全。

例如，我成为犯罪的受害者，但后来罪犯被绳之以法，或受到了应有的惩罚，他做出了赔偿并请求我的宽恕，此时我给予宽恕，这种宽恕就是不纯粹的宽恕，它本质上是一种交换（正义的恢复），因为债务被偿清了。政治层面的宽恕也是如此，例如，德国在"二战"后承担战争责任，并且请求宽恕，而后受害国给予宽恕，施害者和受害者达成了和解或谅解。这种不纯粹的宽恕遵循正义或者说经济的准则：没有相应的清算和补赎，就没有宽恕。如果日本至今不承认在"二战"中的罪行，不道歉或请求宽恕，我们怎么能宽恕呢？这时候的宽恕就是不正义的。

不纯粹的宽恕本质上是理解、和解、谅解。例如，我们通过语言（记忆和叙事的交换）、对话（指控和辩护）等，去了解恶行或罪行的行为逻辑，它的原因或必然性，或者说它的可原谅之处，由此实现了谅解。纽伦堡审判和东京审判，就具有和解的功能。司法审判通过控辩双方充分的讨论，能够让施害者理解受害者的痛苦并悔改，也能让受害者理解施害者的动机和原因。如果我们理解了，那么我们也就宽恕了。就像如果我理解了你为什么迟到，那么我就谅解了你的迟到。这里，理解就是同一化的实现，就是"认同"对方，消除了他异性，而这已经实现了宽恕。设想有人无法宽恕施害者，但随着时间的流逝，痛苦逐渐减弱，仇恨逐渐淡化，这时他也实现了宽恕（"算了，都过去了，不计较了"）。这种宽恕本质上也是对"他异性"的消除：随着时间的流逝，如鲠在喉的他异性创伤（他人的恶行）逐渐被自我的同一化所消化克服。

与之相对，是法国哲学家杨科列维奇和德里达热衷讨论的纯粹宽恕，它指一个个体与另一个个体之间的私人关系，是纯粹给予的爱，是受害者给予施害者的仁慈的礼物，它不属于交换的经济（不纯粹的宽恕则是礼尚往来的交换）。例如，针对这样的一些人，如侵华战争后的一些日本老兵，他们在中国犯下了滔天罪行，但战后他们没有得到任何追究，依然身居高位养尊处优，他们不但拒绝承认罪行，毫无悔过之心，而且倒打一耙，污蔑受害者，对于这样的人，我们要宽恕他们吗？我们会说，这时候宽恕是不可能的和可笑的。但同时，纯粹的宽恕恰恰只有在这种不可能宽恕的情况下，才是可能的。纯粹宽恕是非正义的、超出正义的，非司法政治层面的，甚至是非伦理学（超伦理学）的。在这里，只有受害者本人才有权宽恕，集体没有权利代替个人去宽恕，亲人也没有权利代替死者去宽恕。在时间特征上，纯粹宽恕不能是作为"时间奇迹"的慢慢淡忘和理解，而总是作为"爱的奇迹"的瞬间决断。在理智上，宽恕针对的是不可理解、罪不可恕的绝对恶。宽恕那可以宽恕的，那不叫宽恕，只有宽恕那不可宽恕的，才是真正的宽恕。此外，在清算上，纯粹宽恕针对的是不可弥补、无法偿清的恶，即针对的是无法平账的情形，例如受害者已经死亡。因此它是非经济的，是针对绝对损失的纯粹给予：一边是无法弥补的亏空，一边是平白无故的增加。

同时，两者都有两个共同反对的对象，一个是"无宽恕的记忆"，即冤冤相报的复仇；另一个是"无宽恕的遗忘"，即大赦或健忘。例如，对无法偿还的债务一笔勾销的方式，如果在其中不包含真正的宽恕精神，那么它就既不是谅解（非纯粹宽恕），也不是纯粹宽恕。人们经常为了现实利益的考量而选择性遗忘，例如，为了两国邦交的利益同盟，人们往往刻意压抑历史的债务，将之一笔勾销，在这里没有宽恕和谅解。因为谅解打开历史的包袱，清点罪行的账单，施行正义的刑罚和补偿，至少能实现一劳永逸地和解，而一笔勾销的清算如果没有将恨转化为爱的意志，则是对过去的背叛，可能为将来仇恨的死灰复燃埋下种子。

因此，作为谅解的宽恕不是真正给予之爱，而毋宁说是"自爱"。就像亚里士多德说的，爱朋友就是爱另一个自身；反之，纯粹的宽恕则是不可理解的、疯狂的自由决断，是超正义或超伦理学的。因为一般意义上的伦理学，例如功利主义或义务论的伦理学——"以直报怨，以德报德"的伦理学，总还是"杀人偿命、欠债还钱"式的公平正义的伦理学。而纯粹宽恕的伦理学，则是"以德报怨"的伦理学。也就是说，谅解本质上和认识论的理解一样，是经济的、存在论的，指向尼采式的求存在和求强大的意志。而宽恕则是对存在的否定，所以杨科列维奇说："宽恕的理由取消了宽恕存在的理由。"如果宽恕"存在"（可理解），那么它就不存在。例如，当我真正去爱时，我应该不存在（忘我）。真正的爱是对存在的超越和对自我的放弃。这让人联想到我们在别的地方曾谈到的"道德意识的绝对不安"：这种绝对的道德意识只有在自我为他人力竭而死（不存在）时，才能心安理得，才能良知无愧。在这里，自我只有义务而没有权利，而他人只有权利而没有义务。

宽恕和理解之间的双重关系，类似于信仰与理解之间的双重关系：

一方面，两者相互排斥：对于理智来说，没什么要宽恕的；对于宽恕来说，没有什么要理解的，因为如果理解了，那就取消了宽恕。正如如果信仰是可以被证明的，那就不需要信仰，而只需要一般的理性就可以了。同样，宽恕作为真正的爱是没有理由的，有理由的爱将否定爱，并且把爱转变成了自利、自爱——对爱的否定。宽恕只有在理智无法谅解和无法证明的地方才成为必要。因此，杨科列维奇将宽恕视作和信仰一样是疯狂而愚蠢的，"当犯罪既不能得到辩护，也不能得到解释，当一切因素都考虑了，没有任何减轻处罚的情节和借口可以辩护时，最后唯一能和解的，唯一可以做的就只有对这绝对的暴行给予宽恕。这里是慈悲恩典的顶点"。纯粹的谅解意味着恶完全被理智所消化和透明化，它本质上是以某种方式在自我与他人之间建立起同一性，正如它在个体心理内部去填补各种记忆裂隙，以消除创伤记忆的不可理解性。在实现方式上，它主要依靠的是沟通、叙事、记忆的交换，概言之，是语言——正如人在对自我的痛苦和创伤进行哀悼时,也要经历这样一个过程一样。语言在这点上如同货币一样是典型的经济模式,当一段经验能被表述为语言,从而能够为对方所理解,那么两人之间就建立起了同一性,这一操作同时既使宽恕得以可能(谅解得以达成),又使宽恕变得不可能:消除了我与他人之间的间距,消除了他人的他异性、他的秘密,即它通过消除他人而使对他人的爱不可能。

另一方面,两者有着某种相互影响、相互增强的互为因果关系。对于不纯粹宽恕来说,去宽恕就是去理解(谅解),同时去理解(谅解)也就是去宽恕,"清晰的知识成为抚平创痛的镇静剂"。这个等式有两个意义:第一,通过理解去代替宽恕。理解在我和他人之间建立起了同一性,由此理性已经把问题解决了,实现了不纯粹宽恕,或者说使纯粹的宽恕不再有必要。例如,苏格拉底式说"无人有意作恶,恶不过是出于无知",或者佛教对恶行的悲悯式理解,都实现了宽恕,这种宽恕是通过理解去实现的。第二,通过理智的理解走向宽恕。例如人们可能会说:人性都有弱点,如果我在那种情境,可能也会犯罪。当我们愿意设身处地去理解对方过错的原因乃至必然性时,我就很容易宽恕对方。斯宾诺莎"不要笑,不要哭,不要诅咒,而要思考"的箴言,就是通过理解去克服仇恨等负面情绪。此时,宽恕不是如第一种那样直接获得的,而是需要通过努力去争取,即努力去试图理解,去设身处地地为施害者考虑。在这种理解与宽恕中,有许多中间状态,例如,杨科列维奇谈到,有些施害者可能既是有罪的,又是无辜的,或者有些施害者介于愚蠢和邪恶之间:他与其说是邪恶,不如说愚蠢;

或者与其说是愚蠢，不如说是邪恶。

宽恕有助于理解，一个人只有出于宽恕的仁慈之心、宽容之心，他才能同情地理解。爱是认识（理解）的手段和条件。与此同时，理解也有助于宽恕，对他人的同情和宽容往往是伴随着理智，是理智的结果。这就是为什么理智和宽容总是相伴而生，而不理性与不宽容也总是相伴而生，狂热的信仰总是伴随着宗教的不宽容。

这种理智主义的和解，必须同时以宽恕之爱为起点和能量源泉，但它又不追求所谓宽恕之爱的纯粹性（因此它本质上是等价交换和经济逻辑），而是相反以消除纯粹宽恕的悲剧性崇高为前提。以宽恕之爱为动力的理智主义和解道路，它在精神卫生学上表现为认知疗法和叙事疗法，在政治行动上，表现为建立各种交流、对话的机构和平台，为交换记忆和叙事提供可能。在利科看来，叙事是通向他者的桥梁，它能够弥合不同记忆之间的裂隙。而倾听不同视角的叙事（英雄叙事、受害者叙事、施害者叙事），能够扩大我们的理解视域，让我们尝试站在不同角度去理解问题，在敌对双方的立场和经验之间建立起同一性：让施害者去感同身受地理解受害者的创痛，让受害者设身处地去理解施害者的处境。正如利科所说，换一种讲述方式总是可能的，它能够帮助我们以不同的方式去理解事件。在这里，法国和德国之间的对话和交流（例如共同编撰历史教科书等）就构成了宽恕与和解的典范。通过增进理解，我们就更能请求宽恕和宽恕；而更多的请求宽恕和宽恕，又让我们能更好地彼此理解。这正是非纯粹宽恕所关涉的"宽恕与理解的相互增进关系"，它对立于纯粹宽恕的"宽恕与理解的悖反关系"。无数的政治实践已经证明,这是一条能够走通的康庄大道:当我们爱得更多,我们就理解得更多;而当我们理解得更多,我们也才有可能爱得更多。

如何理解宽恕和理解之间的悖谬和两难(如果宽恕是可能的,那么它就不可能)?我们不妨回想在其他地方谈到的生命的悖谬和两难:为了活着,必须敢于去死;如果不想去死,那么就选择以死的方式活着。生命之所以可能,就在于在生死"之间"去展开这种不可能的可能性。同样地,如果我们能注意到纯粹宽恕和不纯粹宽恕"之间"的过渡形态,那么这种两难就能得到解决。在实践的具体情形中,我们遭遇的往往既非非理智的纯粹宽恕,也非纯理智的不纯粹宽恕,而是既包含一定量的宽恕之爱的无偿赠予,又包含一定量的理智的经济式谅解和补赎。例如,当受害者愿意尝试去理解施害者的举动或行为逻辑,通过理解罪行而去为罪行寻找理由时,这已经带有宽恕之爱了。通过在两个极端之间保持张力和允许过渡,就能协调以下两者:努力理解施害者,以便宽恕;不理解施害者,但依然宽恕。如果不强调第一点,那么我们就放弃了政治和司法宽恕的康庄大道,对人性提出普遍的"以德报怨"的不切实际的要求,并且使宽恕在绝境中瘫痪。而如果我们不强调第二点,就会使人类的行动和经验走向封闭贫乏,并且消除宽恕的材料和基础。

现在,我们来概括一下当面对冒犯或罪行时,我们可能有的选项:

第一,"忘记,无宽恕"的态度。这又分两种情形:一种情形是尽管你受到伤害,但你或者由于宽容的伟大品性,或者由于"没心没肺",你没有感觉到自己受伤,因而瞬间忘记。例如,在尼采看来,强健的个性不会怨恨,他从来不把别人的伤害放在心上,就好像强大的狮子不将苍蝇的冒犯放在心上。这种宽容大度被尼采或德性伦理学视作最高的道德。而在另一些人看来,这种行为因为没有宽恕,不是出于义务的行为,所以没有道德意义。另一种情形是受到伤害,并且也因此产生了痛苦和创伤,但依然"忘记,无宽恕"。这就是典型的"健忘"态度。在这里没有正义,而只有对创伤的压抑,因而给未来埋下了仇恨的种子。

第二,"宽恕,而后忘记",即在宽恕与和解达成后,双方都彻底忘记,记忆一笔勾销。例如,根据历史学家小菅信子的观点,在近代以前的欧洲,就是"宽恕而后忘却"的模式占据主导。对这种态度,也有两种不同看法,一种认为它是彻底的宽恕和最高的宽恕,而另一种看法则认为这是放弃了记忆责任的表现。

第三,"宽恕,但不忘记"。现在人们普遍认为,这才是正确的态度。但这其实是值得商榷的,有一种看法就认为,这是不够大度的表现,因而是较低程度的宽恕。

第四,"不宽恕,不忘记",这就是典型的复仇态度,它没有实现和解,因而无法斩断冤冤相报的链条。值得注意的是,虽然司法包含着复仇的精神,但这种复仇达到了正义的恢复,并且在公正的惩罚和补赎中,实现了和解与宽恕。但私力救济的复仇无法保证公正性,因而很难避免恶性循环。

在笔者看来,第一种选项中的第一小类,和第二、第三种选项,都是值得肯定的选项,而这三项之间应该如何选择,则没有唯一或现成的答案。例如，我们会认为，对于较小的过错，我们倾向于第二选项，对于较严重的过错，则适合第三选项，但它们之间的界限在哪里，则取决于行为者的实践智慧。

速度与遗忘

"修昔底德陷阱"的提出者艾利森教授在谈到中国发展速度之快时，引用了捷克前总统哈维尔的一句话："这一切发生得太快了，我们甚至还来不及去惊讶。"这句话也适用于整个现代世界。和古代世界相比，现代世界是一个加速的世界，而且这个速度还在不断加快。我们乘坐的交通工具越来越快，就是我们时代在加速的一个缩影。当社会和时间加速时，会发生什么？想一想我们看视频时开的倍速——我想这时我不知道应该吐槽影视剧的节奏拖沓，还是应该吐槽观众的口味败坏到已经没有耐心好好欣赏一部剧。

如果你开 1.5 倍及以上的速度去看一部电影或电视剧，那么，你就只能浮在故事的表面，只能撷取故事中最肤浅的东西，它不会令你感动，更不会引你深思，因为感动和深思都需要时间，只有给予充分的时间，被接受的内容才能在我们的内心中激起涟漪，荡漾开来，才能调动和激活我们自己既有的生命经验，使两者发生碰撞以产生某种化学反应。这和吃东西的道理是类似的，吃得太快的人，就必然要以对滋味品尝的损害为代价。同样，当你生活在加速的现实社会和时间中，你就只能浮在世界的表面,无法深入它的本质:当你还来不及搞明白一件热点事件时,另一件热点事件接踵而来,然后是再下一件。危机公关专家会告诉我们说:任何丑闻的主角都不用太担心,甚至他最好的应对就是什么都不做,只需要等另一个丑闻主角来解救他就好。而这常常用不了太久,因为人们的注意力很稀缺,人们的记忆好像只有几秒,人们对每件事好像很关心,但其实不关心。因为这是他们吃的众多"瓜"中的一个,对他们而言,吃哪一个"瓜"不重要,重要的是有"瓜"吃。生活变成一个由网络和电视呈现的万花筒,你甚至不需要明白发生的是什么,因为它的要义在于变化本身。

我们的日常生活变得和跟团游很像,不是吗?跟团游最重要的是什么?在最短的时间里打最多的卡。如果你的旅行社能在三天里安排游客玩五个景点,别人能在三天里安排玩七个景点,那么你死定了。如果你和跟团游旅行的人交谈关于某地的经验,你会发现,他的全部经验大概仅限于"他去过",以及他还发了朋友圈。我们硬生生地把自己的生活过成了跟团游。想一想,你已经换过多少城市生活了?你已经换过多少家工作单位了?你已经换过多少任男女朋友了?你换过的越多,你就会越停留在它们的表面。作家刘亮程说的很对,他说,有的人去过很多地方,但看到的永远是同样的东西,而有的人一辈子待在一个村庄,但看到的都是不同的东西。我们从一个地方转到另一个地方,但在每一个地方,我们都没有扎根下来,因为扎根需要时间。当你和每个人的相处都很快开始,并且很快结束,你不会与别人有深刻的关系,大家都不过是彼此旅程中的匆匆过客,如同高铁上两个小时的短暂相逢。人们微信里的好友越来越多，但能说话的越来越少，长情和等待是稀缺的事情。因此，木心的一首诗《从前慢》激起了很多人的共鸣：

> 记得早先少年时
> 大家诚诚恳恳
> 说一句 是一句
> 清早上火车站
> 长街黑暗无行人
> 卖豆浆的小店冒着热气
> 从前的日色变得慢
> 车，马，邮件都慢
> 一生只够爱一个人
> 从前的锁也好看
> 钥匙精美有样子
> 你锁了 人家就懂了

但为什么尽管如此，我们依然愿意在速度中乐此不疲呢？我想可以用一句有些粗鄙的话来形容这种趣味背后的原因：因为人们觉得缓慢的生活要"淡出鸟"来了。速度的关键不在于表面的快，而在于它给我们带来的刺激的密度和力度。感觉刺激具有这样的特点：如果它的内容越多，力度越大，那么它就越不需要主体的参与，而只需要主体的被动反应。相反，如果刺激越少越轻，就越需要主体费力的参与——而主体越不参与的结果是，主体越容易被施加的刺激所直接塑造或操纵。例如，如果你读希特勒的文字，你会冷静地思考，并且觉得它很荒谬，但如果你看着希特勒手舞足蹈声嘶力竭地演讲,你可能会立刻被裹挟过去,因为氛围的裹挟、刺激的丰富让你来不及思考。举个例子,你如果看一幅高清大幅图片,那么你只需要它给你施加刺激就可以了,但如果你要看一个若有若无的东西,则需要费心凝神去辨别。去看一大段文字未免过于辛苦,但如果你去看直观的图片或视频,那就轻松多了。正是这造成了今天媒体中视频当道、图片为王的格局。

同样,如果刺激十分频繁密集,我们的注意力就不必空闲下来,而当我们注意力紧张时,我们就免除了大脑的工作。为什么看肥皂剧最轻松?恰恰因为此时人的眼睛是最忙的。我们每天不停地看手机、刷朋友圈、刷新闻、刷剧的用处在于,它可以让我们免于思考,或者说让我们避免意识到自己多么贫于思考。尼采曾说,现代人都长着一副巨大的耳朵,以至于远远看过去,每个人看起来都只是一只只竖着的大耳朵。现代的教育机构是这样一幅荒诞的景象:它是一种接收装置,只有一张嘴巴,对着底下无数只耳朵,这里没有手和脚,也没有大脑。尼采说,善于倾听、善于思考的人总是长着一副小而窄的耳朵。长着大耳朵的人没有大脑,他们只负责听和接收,所以他们有的只是别人灌输给他的东西。媒介时代比尼采那时候看到的大学更像是一个单纯的接收装置,人们只是在贪婪地接受,却从不留给自己时间反刍和思考。从另一个角度看,现代人又像是一双双巨大的眼睛,这双眼睛占据了整个脸部和大脑,以致于远远看过去,每个人都只是一只只行走的眼睛:回想一下,我们在乘坐地铁时,每个人都看着手机,眼睛是我们唯一忙碌着的器官。从古至今,恐怕找不到比现代人更贪婪的眼睛了,以至于今天最强大的资本只能是那些最能够吸引眼球的资本，例如，今天全球市值最高的前四家公司，全都是与眼睛有关的公司（苹果、亚马逊、谷歌、微软）。这就是所谓的流量经济、注意力经济的时代。

当我们看节奏缓慢的电影（啊，小津安二郎这样的电影简直是现代人的灾难），我们会觉得它太水。那么，我们希望挤掉水分而提取出来的干货是什么？是情节的刺激。网络小说如果被人们认为太水了，无非是因为作者的情节推进太慢了，只有情节才是干货。今天，谁写小说还像古典小说一样，大段大段的风景描写，就不要怪读者直接跳过去。在电影中，长镜头是票房毒药，替我们精心选择好的、迎合我们欲望的蒙太奇才受欢迎。例如，拍一场打斗，我们需要一个全镜头，跟着一个打斗的中景，再跟着拳头和脸部的特写，如此等等，一切都为贪婪的眼睛提前准备好了，不用我们自己去捕捉。当我们这么去"提取"的时候，我们非常像从食物中去提取工业味精，因为食物在我们看来太寡淡了。但刺激的增加有一个效应：它会不断提高我们的阈值，当我们适应当前的强度后，为了得到同样的快乐刺激，我们需要更强的刺激和更高密度的刺激。文化工作者的体会就是：今天的观众越来越挑剔，越来越难伺候了。为了让观众不觉得乏味，他们需要不断增加产品中工业味精的剂量。这也可以解释另一个现象，就是新生代的孩子们越来越对大自然缺乏热爱，愿意"宅"在家里的年轻人越来越多。为什么人们更宁愿"宅"？难道不是因为家里有各种信息终端吗？与它们相比，大自然缺少变化，缺少对我们足够的刺激。越来越少人有兴致欣赏自然风景，看光影的慢慢缩短又拉长。

为什么我们更会被手机里的信息吸引,而不是被眼前的风景或人所吸引?因为我们已经习惯被高强度和高密度的信息所刺激,因而提高了阈值,只有加速的信息才能引起我们的注意,这就是对速度的依赖。我们丧失了领会相对无言的沉默之意义的能力。"五色令人目盲;五音令人耳聋;五味令人口爽;驰骋畋猎,令人心发狂。"

因为加速,所以我们越来越不需要等待了。就像人工智能使吃苦耐劳不再是美德,社会加速让耐心不再是一个必要的美德,人们习惯于"当下立刻就要""马上就爽"。如果你网购一件商品,快递会越来越快地送到。以至于和古人相比,现代人最不需要做的事情就是等待。今天手机的发明极大地免除了等待。假如你等一个朋友,左等也不来,右等也不来,你可能会不耐烦,但假如你手里有一个手机,你不再需要等待,手机帮助你填满了空闲的时间。但当我们越少需要等待,我们就反过来越缺乏耐心,我们越来越对速度习以为常,并且陷入一种对速度的过分要求中,就像我们曾频繁地抱怨"外卖怎么还不来"和"买的东西怎么还没到"。但是,去看一看古代,有太多的诗词与等待有关,因为有等待,所以才会有思念,因为有思念,所以才会有诗情。而今天,速度已经杀死了诗情,就像它杀死了缓慢的风景一样。

速度免除了等待,也加速了遗忘。如果人要接受太多东西,那么他就必须尽快地清空原先储存的东西,接受信息的量和容易程度必定要以损害信息的持久保存为代价。于是,世界速度的加快要求记忆周转速度加快。弗洛伊德曾将人的记忆比作一种神奇的双层书写装置,在上层的感知意识系统,它接受信息,但不留下痕迹，像是透明的蜡纸，将它从蜡上揭开后又可以重新在上面书写；而在下层，则是不能接受信息但可以留下印迹的蜡。通过这种装置，它就可以调和记忆的两种相互对立的需求：如果它可以反复书写，那么它就要求不能持久地保留痕迹；而如果它要持久地保留痕迹，那么它就不能被反复书写。但是，这种冲突并没有真正解决，而只是得到了调和。其实，这种冲突很早在亚里士多德那里就得到揭示。亚里士多德将记忆和接受记忆的材质联系起来，指出有的记忆就像较硬的蜡块，较难铭刻但也能保持相对持久，而有的记忆则像是湿软的蜡块，容易铭刻却不容易保存，两者若走向极端，都不会有很好的记忆，就像单凭蜡纸或蜡都不会有好的记忆一样。亚里士多德举例说，老年人像前者，小孩子像后者；头脑过于笨拙的人像前者，头脑过于敏捷的人像后者。以此来看，生活在加速世界中的现代人类似于后者，他们对接受信息十分敏感，从而损害了保存信息的能力。

实际上，速度和遗忘常常不仅互为因果，而且还互相渴求。当我们想要遗忘时，我们渴求速度，以帮助我们加速遗忘，就像一个因失恋而痛苦的人希望用工作去填满他的时间一样；而当我们处于速度中时，我们渴求遗忘，渴求抛弃记忆的重负以使自己步伐轻便。米兰·昆德拉说："速度是出神的形式，这是技术革命送给人的礼物。跑步的人跟摩托车手相反，身上总有自己存在，总是不得不想到脚上的水泡和喘气；当它跑步时，他感到自己的体重、年纪，就比任何时候都意识到自身和岁月。当人把速度性能托付给一台机器时，一切便改变了：从这时起，身体已置之度外，交给了一种无形的、非物质化的速度，纯粹的速度,实实在在的速度,令人出神的速度。"这些话概括了如下两个方程式:缓慢的程度与记忆的浓淡成正比;速度的高低则与遗忘的快慢成正比。"我们的时代迷上了速度魔鬼,由于这个原因,这个时代也就很容易被忘怀。我宁可把这个论证颠倒过来说:我们的时代被遗忘的欲望纠缠着;为了满足这个欲望,它迷上了速度魔鬼。"

遗忘与幸福

遗忘是什么？稍微想一下，我们可能就会觉得，描述遗忘现象大概是不可能的，因为遗忘之为遗忘，恰恰在于它已经消失，它是一个无。如果一个人还能够谈论遗忘，恰恰是因为他还记得，因此凡是能够谈论的遗忘本质上已经属于记忆现象，真正的遗忘绝不会被我们意识到，人如何去思考一个在其失去之际才现身的东西呢？就此而言，我们可以说，遗忘在很多方面类似于死亡。或者不如说，遗忘本质上就是一种死亡，它或者表现为个体意识内部记忆的死亡，或者表现为外部记忆载体被毁灭，如焚书坑儒。如利科所言，和死亡一样，遗忘标志了人自身的有限性。

于是人们会认为，我们只需要搞清楚什么是记忆和生命就可以了，而不必理会什么是遗忘和死亡，所谓"未知生焉知死"。然而实际情形是：是比记忆更为古老和原初的遗忘在支撑着记忆，就像海德格尔曾说，"记忆只有在遗忘的基础上才是可能的，而不是相反"。相对于遗忘而言，记忆不过是巨大的遗忘冰山露出海面的小小一角。不过，上述疑虑毕竟提请我们注意，谈论遗忘现象学在某种程度上的确会面临类似于"无意识现象学"的困境:如何在意识中谈论无意识?因为我们也可以说,无意识就是遗忘,即那被压抑和遗忘了的记忆。对此困境的一种解决方式是,我们无法看到遗忘本身,但我们可以看到遗忘在意识中的踪迹和效应,因为遗忘总是如一个企业刚退休的创始人那样能"以不在场方式的在场"。我们不能揭示不在场的遗忘本身,但遗忘却在意识中到处留下了它的标记。

例如,"记得自己忘记了"就属于这一交叉地带:此时遗忘以不在场的方式向我们的意识在场了,它当然首先属于记忆现象,但其要害却不在记忆而在遗忘,即在于借此揭示了遗忘的不在场。这里我们很容易联想到列维纳斯描述的"脸":他人作为活的意志是不可见的,是纯粹不在场的,但他人的脸却构成了他人活的意志的不在场的踪迹和标记,它是"不在场的在场"的卓越形态。于是,我们就可以从"脸"出发,去描述我们无法接触的他人。这大概可以用作我们描述遗忘现象的理论指南。

值得一提的是,在传统哲学中,遗忘不会成为讨论的对象。根据柏拉图的认识论,学习就是"回忆",即对永恒不死的知识(理念)的回忆。承载知识的灵魂虽然在死后会经历轮回的"遗忘之河",重生为婴儿后都一无所知,需要重新学习,但每次重生后的学习都仅仅意味着对前世记忆的重新回忆,因而此记忆永远不死。也就是说,虽然在人这里有遗忘现象,但这种遗忘现象并没有什么重要意义,因为它无损于那永恒持存的东西:无论你是否忘记,先天的知识(理念)总是在那里,就像人们今天说的，无论你是否发现，真理总是在那里。即便所有人都忘了，它也最终有一天会被人们重新记起（发现）。

在柏拉图的《斐德罗篇》中，苏格拉底给斐德罗讲了一个关于书写的埃及神话：发明数学、几何、天文、文字、跳棋、骰子的神塞乌斯向国王萨姆斯推荐他所发明的文字，称这种学问可以增强埃及人的记忆力，治疗他们的遗忘。但萨姆斯对文字的评价却是："如果有人学了这种记忆，就会在他们的灵魂中播下遗忘，因为他们这样一来就会依赖写下来的东西，不再去努力记忆。他们不再用心回忆，而是借助外在的符号来回想。所以你所发明的这帖药，只能起提醒的作用，不能医治健忘。你给学生们提供的东西不是真正的智慧，因为这样一来，他们借助于文字的帮助，可以无师自通地知道许多事情，但在大部分情况下，他们实际上一无所知。他们的心是装满了的，但装的不是智慧，而是智慧的赝品。"因为书写是死的，不能回答问题，它对所有人都讲同样的话，既流传到看得懂它的人那里，也流传到看不懂它的人那里，如果它遭遇曲解也无力为自己辩解，而与之相对的则是活的话语和记忆："苏格拉底：我说的是伴随着知识的谈话，写在学习者的灵魂上，能为自己辩护，知道对什么人应该说话，对什么人应该保持沉默。斐德罗：你指的不是僵死的文字，而是活生生的话语，它是更加本原的，而书面文字只不过是它的影像。"所以，按照这种看法，真正的智慧乃是活生生的"话语"和逻各斯，它永恒不死，虽然它寄存在有死者的"身体"（遗忘是速朽的身体带来的结果）中，但却并不会受到遗忘的污染。

这种知识观符合今天常见的一种错误：人们习惯于认为，有一个客观的真理存在，它等待我们去发现。而且无论我们发现或不发现，记得还是不记得，真理始终在那里，凡人无损于它。这种知识作为"永恒记忆"本质上是对遗忘的拒绝，它使得至少尼采以前的哲学家从不谈论遗忘。但在"上帝死了"之后，无人为永恒知识担保，以遗忘和死亡为构成要素的"大地"成为我们"生活世界"的地基。换句话说，现在没有一个彼岸为我们保存真理，那么此岸的真理就是"原本"而不是"摹本"，于是，原本的毁坏（遗忘）就构成了不可逆的彻底毁坏。现在我们说，人们固然是"发现"真理，但同时也是"发明"真理，因为真理也属于人的创建，而凡属于人的创建都是可朽的。于是，遗忘在今天具有了特殊的意义。这也就是为什么尼采要把遗忘当作重要问题来讨论。

现在让我们自己来直观和描述遗忘现象。当我们谈到遗忘时，我们常常涉及三种类型的遗忘：

第一，它指被我们所克服、内化了的记忆。例如，我已经忘记了驾校教练教的内容，如倒车的四个步骤，但我学会了开车。这时该活动同时具有记忆和遗忘的属性：我通过忘记的方式记得。在金庸的小说《倚天屠龙记》中有一个情节，张三丰临场教张无忌太极剑法，演练一遍后，张三丰问张无忌还记得吗，张无忌的回答从还记得一小半，到最后忘光了。此时张三丰欣喜地说："不赖不赖，忘得真快。"认为张无忌已经学成剑法，可以打败敌人了。这种遗忘，和教育学家斯金纳说的"教育就是忘记之后所剩下的东西"具有相同的性质，因为忘记后的东西被内化了。一方面，它是被转化为本能和天性的活生生的记忆，成为我的眼光或"视域"，所以人们也称之为"功能记忆"（阿斯曼）或"习惯记忆"（柏格森）——分别对立于"存储记忆"或"记忆形象"。但另一方面，我们已经遗忘了它的具体内容，因此它也有理由被称作遗忘。

这种遗忘，也是尼采特别看重的遗忘，为此，他将人的生命也规定为"遗忘力"，也就是说，越强大的个性和生命，意味着越强大的遗忘能力，他不怨恨，转眼就忘记了别人对他的伤害，他像孩童或动物一样善于遗忘。在《历史对于人生的利弊》一书中，尼采谈到了记忆的过量和人们对历史的狂热，呼唤人们学会遗忘。"所有行为都需要遗忘，就像生命有机体的存在既需要阳光也需要黑夜一样。"之所以生活需要遗忘，是因为在尼采看来，当今时代大量历史教育造成了历史狂热病，人们变得好像是"两脚书橱"，过量的记忆驱逐了我们的本能，妨碍了我们的生活，以至于人们背负着过重的记忆负担，这些记忆如同锁链一样：无论我们跑得多远多快，锁链总是拖拽着我们。这种负担我们可以分为两类：一类是纯粹知识意义上的负担，如我们这里说的历史狂热、两脚书橱；另一类是有情感负载的负担，典型的是创伤记忆，不堪的往事成为我们的噩梦，使我们没有能力走出过去面向未来。无论哪一种，只要我们能够遗忘，我们就能够变得更幸福。

在这里，问题不在于记忆的多少，而在于我们是否能够消化它、内化它，让它服务于我们的行动和生活，而不是耿耿于怀。所以，我们统摄或驾驭这些历史和记忆的能力才是关键。就像同样的食物分量，对一个消化能力很强的人是合适的，但对于消化能力弱的人来说却容易造成负担。因此，这里我们应该呼唤的遗忘技艺，乃是统摄、哀悼或者说告别的技艺。它要求的不是真正彻底的遗忘，而是"同化""埋葬"这一记忆，让此记忆被精神的塑造力所征服、被意识所理解，转变为人的天性。经过这样的过程，人就能重新成为一个活的有机统一体。例如，精神分析学针对创伤记忆所发展出的治疗手段就属于这种遗忘技艺。对于创伤记忆而言，不存在多少的问题，任何创伤记忆都可能会对精神造成困扰，甚至导致抑郁症等精神障碍。精神分析学家需要通过分析把创伤事件从无意识层面提升到意识层面，通过主体在意识层面完成对该事件的理解和哀悼，由此完成对该事件的告别，即遗忘。

第二，被储存的，但同时又难以通达甚至完全被压抑的记忆，因为它往往并没有被理解，而仅仅以生吞活剥的方式，即通过"人为记忆"而被"牢记"下来，因此它属于"死的记忆"。而这一"死的记忆"同时也被人们称作"遗忘"，而将它唤起并转换为"活的记忆"的工作则属于"记忆的工作"，即通过记忆唤起遗忘。这种遗忘可以说正好是第一类遗忘的对立面。为什么这种记忆也被称作"遗忘"呢？恰恰因为一方面我们"拥有它"，但另一方面我们又"记不起来"，无法被我们的意识贯通。这一类遗忘还可以细分为不同层次：最深、最极端的遗忘是"创伤记忆"，它是纯粹的黑夜和无意义，是理解的不可能性，在意识中将以强迫重复的形式表现出来；而较浅的遗忘则是未被理解的记忆，但这种记忆对于主体而言并非纯粹异质性，它与既有的视域之间并不构成本质性的对立和冲突。例如，人在童年阶段或学生阶段通过被灌输和"死记硬背"的方式所获得的知识就属于这类，这些知识作为整个人类文明的成果蕴含着极其丰富的含义，可供在之后的漫长一生中反思和消化。而作为中间形态的，还有例如对专名的记忆。专名没有意义，它既不是可理解的，也不是不可理解的，但牢记专名（例如死去者的名字）意味着责任和忠诚。

因此，我们可以说，真正严格地是记忆而不具有遗忘特性的，只有一种介于两者之间的意识类型，即被储存的，同时也可通达、可被轻易获取的记忆。例如，我记得我昨天买了一本书，我记得我朋友的样子：我既拥有这种记忆，同时也能够调取这种记忆。这种记忆一方面以静态内容的方式被储存在我们的记忆之中，就此而言它并非完全是"自主的"，即并没有完全被内化，因此不同于学会开车这样的"习惯记忆"；但另一方面它又是可被通达和可以自由为主体所调取的，它能在活生生的意识中作为"回忆行为"而呈现出明确意义，因此它又不是完全"非自主的"。当尼采谈到过量的历史教育对现代人造成的妨碍时，主要就是指这一记忆形式。也就是说，绝对的自主和绝对的不自主，都意味着遗忘的特性，而只有这种介于自主和不自主之间的意识，才是最纯正的记忆。

第三，作为痕迹消除的"不再存在"的遗忘，它意味着经验的彻底丧失。在个体层面，它指向生物学意义上的彻底遗忘：大脑皮层的记忆痕迹被抹去或被完全覆盖了；在社会层面，它还指向物理学意义上的彻底抹去。例如，中国古代的"焚书坑儒"或古罗马的"除忆诅咒"。这种遗忘也还可以被细分：一种是我们记得的遗忘，如我记得我有这么一个朋友，但他的名字和样貌则完全忘记了，这种忘记不是大脑里存有，但无法调取，而是它的物理痕迹也已经完全被抹去。当然，我们人自己很难区分究竟是彻底忘记，还是说只是没有能力唤起，也许只有技术手段能帮我们确认这两者的区别，但这种区别肯定是存在的。另一种是彻底的遗忘，它彻底到我们完全不知道我们有此遗忘。例如，在《一九八四》中，对记忆的操纵中最可怕的就是这种：我们连自己忘记这一点也忘记了。尼采在谈到动物的遗忘时，也暗示了这种遗忘，动物感到幸福，是因为它什么都忘记，当人问动物你为什么不谈谈你的幸福时，动物想回答说："因为我总是忘了我要说什么。"但它连这句回答也忘了，因此就沉默不语。

彻底的遗忘代表了人的有限性，它所具有的哲学意义和死亡相当。如同死亡一样，遗忘既意味着一种不可能性，同时又凭借这种不可能性而赋予我们生命以根本意义上的可能性。如果人类拥有的是经验的无限增加，那么它恰恰意味着人的无限衰老和年轻的不可能。恰恰是凭着遗忘的可能性，人类才能够永葆活力和青春，才能够以尼采所说的"非历史"和"超历史"的方式生活。孩童为什么是年轻的？不是因为他活过的物理时间短，而是因为他总是保持着新鲜的眼光，因为他没有固有记忆所带来的约束。有的人因为无力忘记，还没有长大就已经衰老，而有的人凭着遗忘，白发苍苍却依然怀有赤子之心。

能够彻底遗忘的人也是幸福的。《圣经》说，"加增知识的,就加增忧伤"。但孩子和动物与其说善于遗忘,不如说他们从不获得,"看到一群牲口在吃草,或者近一点,看到一个还没有什么可抛弃的小孩在过去与未来之墙之间,在盲目的幸福中玩耍着,这让他伤感。然而孩子的玩耍必被打断,他很快就学会了解'很久很久以前'这句话"。当人们学会"很久很久以前"这句话,或者说当人们拥有了时间,人的烦恼就开始了。成年人要想幸福,就要敢于将获得的东西放弃,让过去的所得在生理物理层面也消失殆尽,通过放弃,我们才拥有了无限的可能。

彻底的遗忘对人类的意义,不亚于死亡对于人类的意义。能够彻底遗忘,是人能够不断自我更新的关键。如果没有毁灭,没有彻底抹除痕迹的遗忘,那么创造的生命意志就将被之前已被创造的存在物所堵塞和窒息。就如同如果植物不会衰老,它将会刺破苍穹,生物如果以没有死亡的方式繁殖,那么地球很快就将被生物完全覆盖。然而,对生命来说,重要的是永恒创造的过程,而永恒的创造必须以痕迹消除的遗忘为前提。我们可以把记忆与弗洛伊德所说的生命欲力关联起来,而将把遗忘与死亡欲力或破坏欲力关联起来。生命欲力以死亡欲力为条件,没有毁灭的创造和生成是不可想象的。

对一个个体生命或一个民族来说,如果出现记忆的危害,他既可以求助于增强第一种遗忘力,也可以求助于调节第三种遗忘力。也就是说,他既可以增强自己的精神塑造力,这样他就能消化更多的记忆,而只要记忆被自我的个性所占有,就不再是过量的记忆了;他也可以以各种方式将这些记忆消除出视野，从而使能够支配的记忆与自己较为脆弱的天性相匹配，这样他即便不能成为"足够伟大"的人，但至少能成为"精神健康"的人。在一个人的生命力、精神力相对恒定的情况下，过"非历史"的生活至少是一条容易实现的道路。通俗地说，他或者可以增强携载记忆的能力，或者可以减少记忆的负载。前一种是尼采所谓超历史的道路，后一种是尼采所谓非历史的道路。

与遗忘能力和幸福能力相对的，则是不肯忘却的记忆力，他的内心充满着怨恨的毒素，以格外记仇的方式小心翼翼地收集着过往细节，隐忍而阴暗地算计着——所谓"君子报仇十年不晚"，他既无力立刻光明正大地复仇（例如，骑士般公平地决斗），也无力宽恕和大度地和解。尼采描述这种记忆力为："他擅长沉默，不忘怀，等待，暂时将自己渺小化，暂时地侮辱自己……"这是一种怨恨、诋毁和复仇的本能，他并没有能力去真正复仇（以便释放这些能量），所以只好以想象的方式复仇（例如阿Q精神），而且即便复仇，他也只是将屠刀指向更弱者，而向弱者复仇，正是他无能、无力的表现。鲁迅形容说："勇者愤怒，抽刃向更强者；怯者愤怒，却抽刃向更弱者。不可救药的民族中，一定有许多英雄，专向孩子们瞪眼。这些孱头们！……只有纠缠如毒蛇，执着如怨鬼。"近来社会上屡屡发生的伤害无辜儿童的事件，正是这种浸透了怨恨的记忆力的体现。又或者，他躲在阴暗角落里抱怨和诋毁，把这些怨恨积攒在内心并戕害自己。此时他的遗忘力完全丧失，只剩下旺盛的不肯忘记一切的记忆力。而强有力者却总是健忘的，一旦事情过后他就立刻释怀了，不会记得那些琐碎的细节（所谓"贵人多忘事"），而是生气勃勃地将全部注意力投身在他正从事的事业上。这就是强者与弱者在遗忘力上的差别。弱者的内心充满着无法消化、无法释怀的记忆，因为他是没有行动能力的弱者，所以他只是被动地反应：不停地抱怨别人对他的不公。而强者却是健忘的，他对别人施加的伤害不以为意，并且立刻就忘记了。

但是，在遗忘能够给我们带来幸福时，它也使我们有可能滑向不正义的危险：我们可能会问，忘却对死者的责任或忘却上一代遭受的不公的确能够让我们轻装前行，但是这正确吗？若去追求遗忘的幸福，难道不会使我们患上健忘症，因而使我们抛弃记忆的责任，远离正义的生活？就像我们前面提出：如果活着的人总是被死者的鬼魂和记忆的幽灵所纠缠，那么人们不会一生下来就已经太过苍老，因而动物与孩童般的"遗忘的幸福"将永不可得？

必须承认，这里有一个真实的困境。正当的生活往往意味着总是与哀悼工作为伴，即总是处于痛苦之中，总是把咀嚼痛苦等同于咀嚼真理，总是为死者守灵，即不是选择庄子的"鼓盆而歌"，而是选择孔子的"三年之丧"：在这三年里，守丧的人并不幸福，他们"食旨不甘，闻乐不乐，居处不安"。为此，我们活着的人不应忘记对受难者的责任和承诺，不应忘记"那些尚未出生或已经死去的鬼魂——他们乃是战争、政治或其他类型暴力、民族主义、种族主义、殖民主义、性别歧视或其他类型灭绝的受害者，是资本主义的帝国主义或任何形式的极权主义压迫的受害者"。而追求快乐逍遥的生活，则注定意味着我们要抛却一些我们应该要负的责任。那些追求按自己意愿生活的年轻人，往往意味着拒绝父母交予他的责任，例如，他可能要拒绝承担继承民族遗业的重任，或拒绝挑起家族事业重担的责任。选择丁克和独身之快乐的人，意味着可以不去承担养育后代的责任。包括庄子自己也不得不承认这一困境，并以一种身心割裂的无可奈何（"安之若命"）的方式回应这一困境："为人臣子者，固有所不得已。行事之情而忘其身，何暇至于悦生而恶死！"（《庄子·人间世》）但是，"心之逍遥"显然并不是完满的逍遥状态，因为还有"形之逍遥"，即身体依然受到桎梏，身心是否可以如此分离而不受影响，受到身体束缚的心是否将影响心的逍遥，其中大有疑问。

那么，应该如何解决这一困境呢？对此，笔者只有两点要说：

第一，尽管记忆和遗忘、正当生活与幸福生活的确存在着两难的困境，但它们同时也有着相互成全的关系。也就是说，在很多时候，我们会看到，正当生活要以幸福生活为前提，而幸福生活总是要致力于正当生活，要以本真的方式承担起正当生活的使命。一方面，如果没有以幸福和自由的生活为基础，我们就没有能力去承担责任。例如，人为了成长为能够承担责任的人，必须首先拥有幸福的、无忧无虑的、不需要承担任何责任的童年。一个身负国恨家仇的家族的孩子，为了让这个孩子成长为不负众望的男子汉，最好不要在他懂事之前过早地承载家族的记忆，以免扭曲和摧毁他的成长，而应该让他首先成为一个幸福的人，直到他具备了相应的能力。如果你要能帮助别人，你必须首先能够照顾自己，并且行有余力。一个越自由和越幸福的人，才能够承担更大的责任。简言之，为了能够去记忆，人必须首先能够去遗忘。所以，诸如心理咨询师这样的工作就需要格外强大的遗忘能力，因为他只有能遗忘，他才能帮助别人去卸载记忆。另一方面，幸福生活也需要以正当生活为条件。因为只有有德者才配享幸福，而且，有德本身也能够带来快乐，例如"孔颜之乐"那样的精神快乐。把记忆责任和幸福完全对立起来，犯了某些自由主义者把自由与束缚截然对立起来相类似的错误，即以为自由就是可以为所欲为。但实际上，约束是我们实现自由的条件。因为只有我们通过约束自己，才能够获得有能力去做某事的积极自由，而不只是"免于……"的消极自由。例如，今天的年轻人将养育小孩视作对自己自由的限制和束缚，但我们会相反把这看作自己自由的实现，因为恰恰是通过养育小孩，我感觉自己成为更完整的人，获得了人的完善。受教育固然意味着受约束，但教育的约束恰恰使我们更自由，因为它使我们有能力去实现我们的梦想，去过我们想过的生活。这就是说，很多时候，我们恰恰通过去回应和承担责任，我们感觉到被需要，我们实现了自己人生的意义和价值，我们因此也变得更幸福。这就是说，把遗忘一概等同于幸福，而不记忆一概等同于不幸福，本身是有失偏颇的。

　　第二，对于这种真实的困境，我们还能够回应的就是：生活是困难的，选择从来就不是一件容易的事情，因为去选择就意味着去承担，就意味着有得到，也会有失去。"世间安得双全法，不负如来不负卿。"因此，你应该如何选择，取决于你想成为什么样的人，或者说你想生活在怎样的世界中。我们需要做的是，在选择之前，事先看清楚选择意味着什么？我们将得到什么？将失去什么？这样，我们才不会为自己的遭遇抱怨或后悔。

疯癫与陌生经验

如果我们谈论疯癫经验，那么如何知道我们不是用自己的理性经验掩盖了疯癫经验的独特性？就像结构主义者对原始思维的解读，如何避免只是从原始思维那里发现了尚不成熟的成年白人男性意识？也许，人们谈论疯癫类似于做这样的事情：一个美国人乍到法国，被人问及对法国饮食的看法，他说：这里吃的东西和美国没什么不一样（都是麦当劳），只是餐馆少了点。

但是，如果不将这个疯癫经验转换为正常经验，那么我们如何能够言说疯癫经验？也许，理解疯子的最好办法就是成为疯子？但悖谬的是，成为疯子之后的我们恰恰不再能够"理解"疯子。据说，萨特为了研究幻觉和精神错乱现象，特意去注射了致幻剂麦司卡林，倘若这是唯一的途径，为了弄明白疯癫经验，我们或许只能祈祷有一个现象学家以前曾是疯子。

此外，这个难题不是独特的，而是具有普遍性，我们还可以问如下类似的问题：动物有意识吗？医护人员如何理解患者的痛苦和感受？警察如何把握疯狂的罪犯的行事逻辑？记者为了理解事情的真相，是将自己摆进去，和报道对象同呼吸共命运，还是站在一个超然的位置上？表演的最高境界是和角色融为一体，还是与角色保持距离？是否应该相信异教徒在对某个宗教进行研究时所说的那些话，或者说为了研究该宗教是否最好成为虔诚的教徒？文学家是否至少要在痛苦中挣扎过，在幸福中战栗过，才能够深刻地表现这个悲欢离合的世界？历史学家如何接近历史关键时刻的关键人物的真正动机，例如，如果一个历史学家告诉我们毛泽东基于某种考虑而发动文化大革命，我们是否该相信他说的话？如何进入孤独症少年的世界以便带领他们从其中走出来？成人如何能理解儿童？一种文化经验中的人，如何真正理解其他文化经验，而不是把它作为无非是自身文化中"古已有之"的变形，或自身文化的原始野蛮形式？如果说存在不可通约的科学范式，那么库恩本人如何能言说这些范式，当他言说那些不可通约的范式时，难道不是已经通约了它们？如此等等。

尼采曾经嘲讽过他那个时代的语文学家，因为他们以现代的视角去理解希腊艺术，试图在古希腊那里去找自己预先放入其中的现代经验，并且在找到后高兴万分："根据他们的习惯，在这些希腊的废墟中舒适地定居：他们带来了所有自己的现代便利设施和喜爱的娱乐消遣……当他们在古老的框架中发现最初以某种狡计塞入的东西时，他们就欣喜若狂。"我们如何能避免这种错误呢？

也许，我们能想到一些较弱的解决方案。首先，我们应该假定不同意识之间具有基本的共通性而不是断裂。因为我们同属生命，是在同一条生命之河中缓慢地抬起头来并构建起自我意识的个体，是同一棵生命之树上的生长出来的枝叶，这是不同意识之间的理解在根本上得以可能的条件。我们具有同样的个体生命力和人类伦理共同体中的道德力，从同一条血脉那传承而来，这使我们能像理解自身一样理解他人，甚至比理解自身更容易地理解他人。事实上，我们每个人经验中都有着疯狂的一面（不可理解性），都有着被压抑的不可思议的疯狂。在疯狂经验和正常经验之间不存在绝对的断裂，而是有着平滑的连续性。其次，我们所具有的思想观念，本质上是共同体历史积淀的结果，因此不同主体间所具有的经验乃是共通的，自我的意识由他者所构成。而且，因为"能被理解的存在只是语言"，而语言始终是公共的，在此意义上，我们拥有的心灵乃是公共的心灵。这个公共心灵中古老而久远的视域积淀沉入了我们自身的无意识。最后，对于那些极端陌生的经验（如疯癫经验），我们总是能在自我的正常经验中发现朝向它们的连续性过渡，借助这种相似性，我们可以小步伐地跳跃、迁移到陌生经验中去。因为我们的意识具有联想和同感想象的功能，具有"统觉转渡"的能力，它使我们能够超出自身的经验，"预知"那些我们并未经验过的意识，从而将熟悉的经验迁移到陌生经验。例如，我们虽然没有经验丧子之痛，但基于自身的其他痛苦我们也能同感到他人的丧子之痛。在闵可夫斯基的现象学精神病学工作中，他发现，精神障碍的各种"疯狂"经验都可以与普通人经验的某些负面方面相关联，从而帮助我们"预感"那些精神紊乱。例如，内源性抑郁心理与我们痛苦、压抑、无聊的经验亲缘；妄想和正常的白日梦式现象学补偿具有本质相似性；等等。借助这种类似性迁移，我们可以将理解推向非常遥远而陌生的意识。

但所有这些辩护和迂回道路都有其限度，最根本的解决依然是亲身具有该经验，然后再在反思中去直观和分析它。因为任何可被理解的经验的获得都必须从主观私人经验那里出发，从那里引申出来。主观私人经验是非反思的，它是反思的源泉，我思的努力就是不断地从中还原出一个可被理解的共通经验，但它绝不应该误以为自己已经穷尽了直观私人经验：一从多而来，并且永远不会穷尽多。

因此，为了更准确地知道疯癫经验或陌生经验，我们没有别的方法，除了在我们自身中，在当下感知中唤醒原始经验。经验的不可通约性问题最终只能这样解决：反思必须从这个原始经验中走出来，而不是从外部以暴力的方式去解释这个经验。例如，成人不能以自身经验为标准去批判性地分析儿童经验，从而把儿童经验看作成人经验的一个幼稚混乱状态，而是要从儿童经验自身出发去反思，从而达到儿童经验自身对自身的阐明。同样的困境也表现在成人自身之中：为了了解非反思的经验，我们不能以反思的纯粹思维为标准和起点，而应该把非反思经验本身当作优先和源泉性的东西，然后从中反思出作为意义和思维的东西。一切的关键在于把什么当作基础和源泉，从哪里出发。事先就持一套正常意识的经验结构，把它放到原始经验中，然而再声称在原始经验中发现了共有经验结构，这种做法就没有把原始经验作为源泉，而恰恰是遵循了客观思维（科学）的套路。客观思维的本质特征曾被康德精辟地概括为"人为自然立法"，即我们颁布一套法则，以这套法则去套我们所要认识的对象，把符合它的筛选出来，而将不符合它的排除出去——这是一种漂泊无根的技术手段和摆置手段。而我们认为，具有坚固性的原始经验本身应该是立法者,真理应该从其中"流射"出来,在"人为自然立法"的哥白尼颠倒之后,我们需要再次完成一个颠倒,从而避免单纯以形式的、外在的方式对待自然。

于是,我们就从外围回到了这个中心问题:假如我没有对方的那种经验怎么办?假如我在我的经验与陌生经验之间找不到过渡怎么办?对此的回答可以很简单:我们只需要承认这里的确存在界限,也就是说,理解存在界限,理性存在界限。我们必须承认有绝对不可共通性,有绝对的异质性。试图在所有东西之间建立共通性,将之大白于天下,这是现代认识论和解释学的狂妄。问题在于反过来去问:为什么我们总是要走向"一"?为什么我们不能停留于"多"或走向"多"?

通约性的问题本质上就是翻译问题。如果你要真正理解一种外语思想和外语思维,除了去学习外语,在外国生活,和外国人打交道,没有更好的办法。再忠实的翻译都不可避免地是用母语去曲解外语,这是翻译的本质,因为不同语言之间的可通约性是有其限度的。翻译总是要在一个两难之间做抉择:或者,它是好客的,它努力尊重异质性,努力不用自己的视域、思维去理解对方,而是从对方出发去理解对方。这就是说,尽量不让母语的前见构成对异域思想的曲解。但我们知道,绝对的好客是不可能的,绝对的好客就是取消翻译。在实际翻译中,音译这种以不译译之的做法就是极端的好客,这只有在个别术语上有效。我们不能设想完全是音译的翻译;或者,它是以我为主的,在翻译时优先考虑母语的习惯和表达方式,尤其是母语的思维方式,从而在翻译时实现对外语思想的创造性转化。

这种以我为主的翻译如果走向极端，就是暴力和扭曲地对待异域思想，并且仅仅在异域思想中看到自己原本已有的东西，因此，这实际上也取消了翻译。换言之，这时它所做的事情无非是自我重复。因此，良好的翻译就是在两个极端之间找到一个恰当的位置，既能够容纳和欢迎异质性的思想，让它们来丰富自己，从而打破自我的封闭，又避免在接受时放弃自我，失去自我，例如走向"全盘西化"。所谓"以我为主"就是说，翻译的最终目标不是去还原他人的思想，把自己变成他人，而是以拿来主义的态度，用异域的思想来激活本土的思想，进而使异域的思想转化为本土思想的内在有机组成成分。因此，翻译本质上是创造，是在两种异质思想之间展开对话，从而嫁接出新的品种。

因此，我们翻译外国的语言和思想，不是为了克服外语从而建构一种唯一的语言和唯一的思想，而只是在于丰富自己的语言和思想。明白了陌生经验具有的不可通约性，懂得了闵可夫斯基说的"我很了解这个人，但在根本上我对他一无所知"，将带给我们两个启示：第一，疯狂不是纯粹负面和限制思想的东西，而是使思想得以可能的东西，或者像德里达说的，是某种守护思想的东西："不存在中立的衡量标准，不存在第三方给予的共同衡量标准。……疯狂，某种'疯狂'，必须步步谨慎，并最终守护着思想，正像理性也守护着思想那样。"第二，它提醒我们懂得以伦理的尊重去对待他人：我们应该将他人视作和我一样的独特主体，具有各自的不可超越性，因此，有时候，我们不是要去理解他人，而只是需要去回应他人，为他人负责。

自我的谜团

人是什么？这是一个玄奥的问题。人不能仅仅被还原或等同于他所拥有的东西，但人又不外在于他所拥有的东西。也就是说，我们不能试图在我的拥有物之外找到一个叫作自我的东西。我们将人剥去一千层（他所拥有之物，例如他的财富、样貌、品格等），也找不到一个叫作"自我"的内核。我既是我所拥有的一切，剥除了这些，我就是无；但我又不是我所拥有的一切，我可以舍弃所拥有的这个或那个而依然维持一个自我。

据说，古希腊神庙两条箴言中的其中一条就是"认识你自己"。大哲学家苏格拉底以这条箴言为口号实现了西方哲学的转向，将哲学的目光从对外界的探寻转向了对内心的探寻。这件事足以说明，自我这个问题在哲学上十分重要。一般人也喜欢将"我是谁，我从哪里来，要到哪里去"视作哲学的永恒追问。但要了解"我是谁"并不容易。例如，你问你的爱人一个问题：在茫茫人海中，为什么你偏偏爱上我？对方可能会回答说：因为你漂亮、聪明、优秀，等等。但这种回答仔细想来会是奇怪的，因为这句话的意思是：我爱的是你拥有的东西，你的漂亮、聪明、优秀等品质。于是，我们可以反驳说：这么说证明你并不爱我，因为这些品质别的人也会有，可能比我还更优秀。如果你爱的是我的这些品质，那么，假如有一天我变得不漂亮、不聪明了，你就没有理由再爱我。或者说，如果你遇到另一个比我更优秀的人，你理应更爱他，你可能只是无奈地退而求其次地选择了我。仔细想来，在这里，因某人的品质而爱对方，和因某人有钱而爱对方，在本质上似乎并无不同。你爱的是对方拥有的、随时可能失去的东西，是他的外在之物，而不是对方本人。

这个时候，对方会辩护说：不，我爱的不是你的这些品质，我爱的是你本人。就像西方婚礼誓词中说的那样：无论贫穷还是富有，疾病还是健康，都永远爱他，照顾他，尊重他。但我们可以进一步追问，这个"本人"究竟是什么？如果我们爱一个人，爱的不是他所拥有的一切，而是除却这一切之外的他本人，那我们爱的是什么呢？因为我之为我，似乎恰恰就是由这些东西所组成的，只是因为这些东西，我才成为这个独一无二的我。而且，婚礼誓词大概不会这么说："不论你是天使还是恶棍，都永远爱他。"因为人们似乎预设，如果对方的某些人格的核心规定发生改变，他就已经不再是他，我们有理由不爱他，不忠于他了。

就此而言，这个世界上纯粹的爱可能是极为罕见的。我们大概能在父母对子女的爱上见到这种极端情形。例如，一个母亲对孩子的爱，有时能够达到这种程度，她敢于说，他爱这个孩子，不是因为这个孩子优秀，即便这个孩子是一个十恶不赦的恶棍，被全世界唾弃，她依然爱他，她爱他，仅仅因为他本身，只是因为他是她的孩子。在那个孩子剥离了一切他所属的东西，而只剩一个光秃秃的"我"——这个光秃秃的"我"能承载这一切东西（品质），但同时又不是这些东西——时，她依然爱他。于是，在这种极端情形中，能够帮助我们去理解什么是"我本身"：那个近于玄妙的"自我"，纯粹空无的自我，他可以容纳或承载一切，但他又不是这一切。这个自我让我们联想到海德格尔说壶的本质在于空无。就像卞之琳的诗说的："我在散步中感谢／襟眼是有用的／因为是空的／因为可以簪一朵小花／我在簪花中恍然／世界是空的／因为是有用的／因为它容了你的款步。"

我们也可以把这个空无，理解为一个关系中心。人不是一个实在的实体，而只是将他所拥有之物联结为一个统一体的那个联系。人是关系的总和，或者从另一个角度，用马克思的话说，是"一切社会关系的总和"。这其实也是胡塞尔在很长时间里所纠结的"有没有一个先验自我"的问题：因为他既不能在人所拥有的经验之中发现一个自我，也不能在这些经验之外发现一个自我。最后，他将这个先验自我归结为一个关系中心、联结中心。于是，他的自我概念就和弗洛伊德的自我乃至和佛教的自我亲缘起来了。例如，在弗洛伊德那里，有实体性的超我和本我，却唯独没有实体性的自我，自我只是一个协调中心。从实体的角度说，我是非我，我是一个无。如果我们能进一步将一切生命体乃至一切统一性的个体都看作无非是这样的联系环节，我们就能将这个结论推向更深处："凡所有相，皆是虚妄。"《金刚经》中的这句话，其实可以在现象学上得到严格的描述和说明。

我们刚刚谈到，自我同一性的难题引出了爱的难题。纯粹的爱是罕见的，一个人因为某人的美貌、善良、诚实而爱另一个人，这并不是爱，因为你这时候爱的是你所爱的东西，而这本质上已经是自爱，或者说难听一点，本质上已经是自私。就好像我们会说，如果你因为对方有钱而爱对方，那你并不是真的爱对方，你爱的只是钱而已。爱钱本质上是自爱。同样，你对对方美貌的爱，也不是真爱，因为你爱的是你所欲的美貌。即便如叶芝所说，你爱的不是对方的美貌，而是对方的灵魂，情形也同样如此。因为那善良、诚实、高贵恰恰是你所欲的，而爱你所欲的东西，本质上是自爱，而不是爱他。于是，我们似乎得出了一个荒谬的结论：只有当我们爱一个完全不可爱、不值得爱的对象时，我们才算爱一个人。例如，只有当对方从内到外一无是处，是个十恶不赦的恶棍，你还爱他时，你才是真的爱他，才给予了纯粹的爱而不再是作为自爱。

表面上看，这个荒谬的结论也并不荒谬，反而和常识接近。例如人们习惯于说"爱是无理由的，非理性的"。如果一个人有充分而明晰的理由去爱另一个人，那他就不是在爱对方，此时温暖的情感转变为冷冰冰的理性算计。但这种接近是个假象。人们大部分的时候说不清楚为什么爱对方，并非是无理由的，只不过是没有去辨明这个理由。他爱对方有充分的"动机"，这种动机可以在理性反思下转变为充分的"理由"，人只是由于无法完全洞察自己，才认为自己是无理由地爱上对方。倘若他能完全地分析自己，他会发现自己爱对方是有充分理由的。总而言之，在常识中，无理由的爱是非理性的，但却并不反理性。而纯粹的爱（真正的爱）却要求是反理性的。就此而言，我们前面谈的，母亲对自己孩子的爱，绝大多数情况下也还达不到这种层次。因为很多时候，母亲爱孩子可能的确仅仅是爱对方本人，但这个本人有一个身份条件：仅仅因为他是她的孩子，她才（就）爱他。而这里面，往往蕴含了自己难以察觉的自私于其中。父母的表面上无私奉献的爱，可能是出于族群繁衍、基因延续的本能（追求自我不朽的本能），或者可能出于自身的情感需要（很多时候，母亲需要孩子甚于孩子需要母亲就是一个明证），甚至可能是出于自身的隐秘欲望（愿望的替代实现、控制欲）等。如果说无理由的爱就是真正的爱，那么动物不惜牺牲自己去保护后代的爱，就反倒成为最高层次的爱了。于是，总的来说，当我们谈到自我时，有一个极端的自我，作为空的位置的自我，用基督教的术语来说，这是一个"位格"的自我，我们可以简单地将它与名字对应起来。与之关联的，是纯粹的爱。而此外，还有一个作为我所拥有之物的自我，对应它的，是带有自爱的爱。

但你们可能已经发现，上面的说法包含了某种"滑坡论证"——但它不是滑坡谬误，因为在事情本身那里恰好存在滑坡的现象。我指的是上面从"钱"到"健康""美貌""善良诚信"之间的过渡。首先，如果你只爱对方的钱，那么你只是在很微弱的意义上爱对方，因为这个钱具备十分充足的公共性或可替换性，也就是说，你拥有的钱并没有被打上你的烙印。坏人的钱并没有比好人的钱更不值钱。钱既可以归属于你，也可以很容易地归属于别人。其次，假如你爱对方的美貌，那么你就在更强的意义上爱对方。换言之，这时候你不再是纯粹地爱对方所拥有之物，而是也爱较弱意义上的对方这个人本身——带有了对方少量的独一无二的自我性。美貌现在不再像钱一样是纯粹公共和可替换的,它被打上了对方的烙印。有时候,我们爱对方的美,可能不见得是因为对方是最美的,而只是因为那种独一无二的美。美不总是可以比较和计算,我们甚至会承认,有很多人的确比自己的恋人更美,但他就仅仅被恋人的美所击中。再次,假如你爱对方灵魂的某种品性,爱对方那独特的性格和气质,那么尽管你也是爱对方所拥有之物而非纯粹爱对方自身,但这个他所拥有之物,具有了他的更多的独一无二的自我性,这些品性更加难以替代和计算,它们是他独一无二的生命历程的凝结。换言之,我爱的是善良和诚信,但却是那独一无二的善良和诚信,此时,这些拥有的品质具有了对方最多的自我性。此时,我们更有理由说,我不是爱他所拥有的东西(这些东西别人也拥有,甚至更好),而是爱那个独一无二的他本人。

于是,我们会发现,从那个空无的自我性出发,可以有一连串的滑坡式的过渡,过渡到另一个极端的端点。对这个连续过渡现象的发现和描述,也能够将我们从爱的荒谬中解放出来:就爱的极端情形而言,爱是不可能的。因为纯粹的爱(真正的爱)必须是爱那完全不可爱,甚至是完全可憎的东西,而这是因为任何对可爱之物的爱立刻会将爱转变为自爱和自私,从而消解了爱。于是,真正的爱是爱那不可能去爱的东西,而爱那有可能令人爱的东西又立刻摧毁了爱。现在我们发现,日常中的爱总是既非纯粹的爱,也非纯粹的非爱(自爱),而总是居于两者之间。即便当我们爱对方的时候,总是夹杂了很多甚至不自知的自爱成分,但总是同时也包含了某种赠与和牺牲之爱在里面。爱之所以荒谬，是因为我们恰好将它置于一个荒谬的空间（理论抽象的空间、想象的空间）之中，这种爱在现实中是极难见到的，就像在现实中看不到纯粹的直线或几何体一样。在纯粹的爱（爱一无是处的恶棍）和纯粹的非爱（爱对方的钱）之间，是各种现实的、非纯粹的爱。我们身边无数常识的爱的经验告诉了我们这种爱。像人通过实际走动来反驳飞矢不动的论证一样，它用实际的爱的经验反驳了爱的不可能性。

现在，让我们随着这个独一无二的、空无的自我性，一步步向下滑坡，看它走向何处。

一开始，当任何一个个体在从母体中分离，被剪断脐带起，他就在空间上成为一个独立的个体，他拥有一个分离的身体，被给予一个名字，具有了一个自身性或自我性。此时，这个自我性还是纯粹空无的，一个婴儿刚生下来就像一张白纸，或者更准确地说，他被赠与许多暂时还不属于他的东西：他的本能、基因遗传一开始以"它我"（本我）的方式被赠与给他。在这里将之翻译成"它我"是很合适的：一方面，这些东西是族群世代记忆的积淀，是人类文明的凝结，是从社会之河流中分离出来的一支细流，由于它的内容是继承自社会的公共性遗产，它没有被自我所占有或支配，更不是自我创造的产物，因此它是非我；但另一方面，这些遗产又被归于我的名字之下，就像无知者携带着一笔他并不知道的财富，之后，会从这里分离和诞生出一个经验自我，经验自我反过来将这些它我转变为可供他支配的财富。这个空无的自我性可以通过两个重要规定而被描述：第一，他被赋予一个独立的、分离的身体，具有独立的大脑，完整的感知系统，自成一体的身体等。这种分离是个体之为个体的条件。所以，列维纳斯也称每个自我个体为"分离的存在者"。第二，这个从他人和世界那里分离出的自我，被赋予了一个名字，一个专名。于是，他就好像拥有了一个信用账户，从此以后，一切由这个分离的身体和意识中心所接受的经验和所发起的行动，就被归属于这个最初光秃秃的自我，被记录在这个专名的账下。他不再仅仅是光秃秃的自我，而是也开始拥有很多东西，越来越多属于自己的东西，他开始把自己封闭起来，并且构成一个具有创造能力的秘密的内宇宙。

能够占有某些东西，将这些东西归属于我，或者说给这些东西打上属于独一无二的自我的烙印，是很重要的。但是，归属可以区分为两种性质的归属：一种是无意识的归属，例如它我对自我性的归属，它被纳入光秃秃的自我名下，但并没有一个自觉的自我掌握和真正占有它，甚或一个自觉的自我此时还并没有形成；另一种是有意识的归属，经过这个过程，这些东西才能够成为自我所拥有和可支配之物的一部分。就像人们说的，知识作为知识必须满足两个条件：第一，你知道这个知识；第二，你知道自己知道这个知识。仅仅满足前一个条件还不能算作知识，就像你拥有一笔你永远不知道自己拥有的财富等于你没有拥有。这也就是为什么人们会强调反思的重要性，强调"未经审查的人生不值一过"，因为只有通过这个过程，自我才能够变得更强大，有意识地支配更多的东西。例如在精神分析看来，治疗的过程也就是在治疗师的帮助下使自我变得更强大、更自由的过程。我们可以把"我知道，并且我知道自己知道"的自我称作是"自由的自我"或"我能"的自我，而把仅仅"我知道"（准确地说，是"我拥有，但我不知道我拥有"）的自我称作是"不自由的自我"或"我在"的自我。自主、自觉行动着的自我，意味着理性和意识在起支配作用，他能自觉自省地调用自己的经验，而不是让自己被那些自己所不理解的东西驱动，让自己成为一个盲目行动的人，被盲目的欲望支配的人。我们越是能缩小那被无法解释的冲动、习惯所驱使的自我的范围，我们就会变得越健康、越自由。但我们同时也应该知道，这种反思的过程是无限的，并且永远也不可能彻底完成。因为对自我保持为不透明的"我在"（我所拥有之物）是一笔深不见底的财富。这笔财富对我来说是纯粹的"事实"，是自在而非自为的东西。同时，它也不应该是单纯被否定的东西，而同时是自我的可能性条件和最深层根基。人们常说，认识自我的过程就像是剥洋葱，因为这个自我如同有着上千层的外衣。在每个人的拥有之物中，有着人类悠远文明的遗传密码，有着大量被囫囵吞枣接受下来而未被理解的知识和经验。人汲取经验的方式其实很像反刍的牛，他总是先接受下来，然后在很长一段时间之后，才慢慢学会消化和理解它们。对儿童最初采取灌输的教育方法其实是自有道理的。回想儿童是怎么学会语言的：他总是囫囵吞枣地去接受，直到有一天他突然开始理解和学会说话。因此，每个人对于自身来说都是一个宝库，当然，如果它们是纯粹负面的东西，则成为我们需要卸下的重负。对于哲学反思来说，特别是对于像现象学这样工作的人来说，他即便在封闭的监狱中也可以开展他的工作，可以像奥古斯丁所说的那样，"我正在探索，在我身内探索：我自身成为我辛勤耕耘的田地"。

于是，在这个光秃秃的自我性的基础上，我们可以谈到胡塞尔所描述过的"纯粹自我"和"人格自我"。当一个婴儿开始感知、记忆和行动时，他的所有意识和行为都会关联于一个自我的功能中心。婴儿的每个体验都同时伴随着一个我，即这个体验总是同时是"我的体验"。用康德的话来说，"我思必定能伴随着我的一切表象"。需要注意的是，这里的自我还不是精神分析意义上的与它我、超我相对立的自我，精神分析的自我其实是一个经验自我，是被构造起来的。而我们在这里谈的，是进行构造活动的自我，哲学上称之为先验自我。

现在，这个与一切意识和行为关联着的自我，不再是像自我性那样是空无内容的，它不是单纯的功能中心，也不是无变化的。而是一个有自己性格、习惯的自我，一个具体的人格自我。而且，随着他经历的丰富，经验的不断积累，这个有自身习惯、习性的人格自我将会变得越来越丰富和复杂。那个以自己的名字开立账户的自我，现在里面被纳入了各种东西。而且，这些被纳入的经历和经验，不只是作为静态的材料，仅仅像记忆那样躺在自我名下的账簿中，即不仅仅是被构造的，而是同时又转化为独特人格自我的一个部分，成为能够进行构造的。这个独特的人格自我建立起自己特殊的思维模式和行为模式，并且通过这种模式去接纳和构造各种新经验。我们可以把这个过程称作"经验"和"先验"的相互转化过程：一个有过独特经历和经验的人，会使他转变为一个有独特见解、洞见和视野的人；而这种富有见识的自我，又能够使他以别人所不具有的方式去获得更多独特经验，进行更多意识构造活动。面对同一个世界，每个人看到的东西是不一样的，因为每个自我是不一样的。或者更准确地说，每个人都生活在和别人不一样的世界中，因为每个人格自我所拥有的观看世界的视域都是不同的，因而世界以不同的方式向他们显现。所谓"仁者见仁，智者见智"，你能看到什么，首先取决于你是怎样的人；而反过来，你是怎样的人，又取决于你曾看到过什么和经历过什么。每个人从一出生开始，人生就进入了马太效应或复利效应的过程：他所经历的一切都会在将来持续起作用，成为影响着他思维和行为模式的东西，每一笔经验不仅是静态的财富，而且是能为你在将来带来新财富的生息资本。他所曾拥有的越多越好，他就能借此得到更多更好的东西。在这点上，就像费尔巴哈说的，人就是他所吃的东西。他所接纳的经验（他所经历的生活，他所看到的世界，他所读的书）构造和成就了他会是怎样的人。

自我：孤独与友谊

鲁迅曾经有一段引起广泛共鸣的话："楼下一个男人病得要死，那间壁的一家唱着留声机；对面是弄孩子。楼上有两人狂笑；还有打牌声。河中的船上有女人哭着她死去的母亲。人类的悲欢并不相通，我只觉得他们吵闹。"这段话被很多人记住，是因为它揭示了人生而孤独的境遇。我们可以仿卢梭那句脍炙人口的"人生而自由，却无往不在枷锁之中"说：人生而孤独，却无往而不渴望与他人的联结。人生而孤独是由这样一个基础的事实决定的：每个人的内心感受封闭在他自己孤立的身体之中。当一个人在悲痛地哭泣时，他的悲痛只是他的悲痛，没有任何他人能真正感受和分担这种悲痛。同样，当他快乐时，也没有别人能真正体会到他的快乐。所谓分担痛苦、分享快乐，更多是比喻的说法。人的这种孤独，更典型地体现在死亡的问题中。每个人都必须独自去面对自己的死亡，没有人可以代替别人去死，用海德格尔的话来说，死亡有一种"向来我属性"。当面临危险时，可能有人以自己的死换了你活下来的机会，但他并不能代替你去死，他并没有夺去属于你的死亡（从而让你永生），他不过是以自己的死延迟了你的死亡的到来，而你最终还是得面对你自己的死亡。试想你该怎么去安慰一个绝症病人呢？你对他说："我理解你，同情你。"他会愤怒地想："不，你不理解，你是站着说话不腰疼，要死的又不是你，你还有好几十年可活。"维特根斯坦曾经谈到过，当我们透过关着的窗户看到窗外的人举止奇怪，我们感到很不理解，我们不知道可能此时外面正下着暴风雨，那个人在每走一步时都极其艰难。我们甚至不会知道，外面只是一个穿着衣服戴着帽子的假人。每个人对于另一个人，都如同透过关着的窗口去看人，我们能看到他的行为举止，却无法看到他的内心，人的内心之间没有桥梁，每个人都是一座孤岛，这是我们每个人必须承担的命运。

但是在另一种意义上，对于人来说，孤独其实又是一种不太常见的情形，假如孤独此时指人所拥有的独特经验。我们彼此的经验可能并不"相通"，但却常常并无"不同"。在此意义上，严格来说，一个人只有拥有伟大的个性、超卓的见识和独特的经历，它才可能真正地感到孤独：他必须见过那从未有人见过的风景，思考了那从未有人思考的东西，他才会深深地体会到一种孤独，这种孤独乃是伟大的孤独。而对于大部分人来说，我们彼此的经验是极为相似的。例如，每个人的悲伤就其作为那个独一无二的悲伤来说，是纯粹孤独的，因为这是你的私人体验（用现象学的话来说，这是作为"实项内容"的悲伤经验），但就悲伤作为悲伤来说，它们又是相同的（用现象学的话来说，这些经验的"含义意向性"是相同的）。你的丧子之痛和别人的丧子之痛，在经验的语义内容上并无不同。这就是说，对于我们普通人来说，我们彼此的经验既相同又不同：就其作为实际经验来说，它们是各不相同的，而就这些经验作为悲伤的经验来说，它们又是相同的。这就好比当我们谈到"月"时，每个人唤起的意象和情感是不同的，但这个"月"作为"月"，对于使用它的人来说又都是相同的。

这就是为什么人们会谈到所谓"公共的心灵"。凡是能够被语言表达的经验，在所有人之间都是相通的。在一个人建立起自我并拥有自己独特个性之前，人其实并没有真正"属于自己的"经验。我们知道，人一生下来，最初拥有的是"它我"（本我），或者说他此时还不拥有真正属于自己的东西，整个"它我"都是来自人类族群的遗传遗产，是人类悠久历史积淀的产物。这个时候他还不拥有自我，也就更谈不上拥有自己的经验。只是经过了童年时期，在镜像阶段之后，我们才逐步地从它我中分化出或者说构建起一个"自我"，这个自我开始逐步占有这些公共的东西，以及将之转化为属于自己的经验。从这个角度看，我们每个人与别人的内心之间的距离，可能不会比自己与自己内心之间的距离更遥远。因为我们每个人作为在一个族群，一个文化母体中成长起来的个体，彼此更多地不像是分离的个体，而像是同一棵枝干上分蘖出的枝叶，只不过是空间上的分离给我们造成了这样的假象，让我们以为自己与他人是分离的。事实上，我们与社会、文化的母体之间的脐带从未剪断。如果我们不用人类公共的良知本能、前人的眼光、文化的视域去感受、思考和言说，我们就什么都不是。"人同此心，心同此理"的依据在于，我们本来就是同一颗心。

因此，我们需要区别孤独和寂寞。那些与他人相似的、拥有"公共心灵"的人，更多是感到寂寞；而那些拥有独特个性和非凡思想的人,则更多地感到孤独。寂寞更多地是一种感性的情感,比如说,你一个人在乡下,身边没有人陪你说话,可能会觉得很寂寞,但这时你也许还说不上孤独。孤独则更多地是精神层次的,也许你处在人群之中,或者说恰恰你在喧闹的人群之中,你可能会突然觉得分外的孤独,因为你发现你和他们都不一样,你发现没有人理解你,你发现自己是独一无二的。所以有人才说,只有伟大的人才会拥有真正的孤独、伟大的孤独,因为他看到了别人所看不到的东西。孤独的人,必须拥有自己独特的精神世界。所以寂寞很容易消除,但消除孤独却必须找到一个能够与你共通和对话的灵魂。从不那么严格的角度来看,我们也可以说,每个人本质上都是孤独的,或者说孤独是我们每个人的命运,因为任何一个人都无法真正体会我们所体会的东西,当我们高兴时,我们无法真正让别人体验到我的高兴,我的高兴只是我自己的,当我感到痛苦悲伤时,也没有一个人能真正分担和分享你的痛苦,这个痛苦必须由你独自承担、独自咀嚼。但从严格意义上看,这还不是真正的孤独,或者说只是平庸的孤独。

随着我们心智的逐渐成熟,我们也许就能慢慢建立起自己的人格自我,我们基于自己的独特的生活环境和生活经历,形成自己对问题的独特感受和看法。这样,我们就能够在人类的公共财产的基础上,开始拥有一点点仅仅属于自己的东西。也就是说,人开始建立起自己的个性。拥有独特的个性是一件并不容易的事情。年轻人常常倾向于试图通过凸显自己与他人的不同,来彰显自己的个性,在青春期,人们经常以挑战社会和父母的方式来宣告自己的独立性。但仅仅与他人不同,并不能建立起真正的个性。叛逆的言行，纹个文身，弄个杀马特的奇特造型，并不能建立起独特的个性，因为此时他所拥有的东西，也不过是从外界、从别人那里借来的，并不是真正属于自己的东西。真正的个性总是独一无二的，是基于自己的自发性，是积极的创建，而不仅仅是消极的否定。而这就需要两个条件：一个是生活的历练和经验的获得，一个是对这些经验材料的咀嚼、沉思，将之转化为属于自己的东西，进而在此基础上展开创造性的活动，形成自己独特的行为方式和思维方式。这里，同时也就体现了每个人独特的天性的作用。每个人都是独一无二的，都有着独特的天性，但这些天性（基因遗传）是沉睡的，它需要通过这两个条件才能够激活，并且展现和成长为真正的人格特性。

因此，一个人要想形成独特的、富有魅力的个性，除了天性的基础外，还需要在上述两个环节上下功夫。首先，他必须从外界汲取足够的营养。所谓"读万卷书，行万里路"，就是尽可能为建立人格自我提供丰富的养料，避免使自己成为一个贫乏的人。这里，越是独特的人生经历和阅历，越是有助于形成独特的个性。我们今天很少看到富有个性的人物，往往首先是社会并没有为此提供条件。人们在相似的社会环境中长大，接受着相同的教育，而且这些教育往往不是鼓励人们有自己的想法和行为方式，而是努力按一个模式去打磨他们。有人感叹在老三届那一代中，有很多独具个性而有趣的人，这某种程度上归功于那一代大学生独特人生经历的磨练。其次，它同时还需要有对这些经验材料的消化和转化创造的过程。这里，沉思和涵养的功夫必不可少，你必须让自己经历孤独的淬炼，你才会形成自己独特的气质，拥有有趣的灵魂。而这同时也就需要每个人给予自己孤独的空间，让自己有时间和条件去与自己对话，去直面和反思自己的内心。没有向外界的开放，与外界的对话，人就不能获得自我成长的滋养，而如果没有在独处中的向内沉思和转化，这些材料也不能够被转化为自我人格的有机组成部分。孤独，在某种意义上就是完成这样的一个工作。因此，人的内向一面和外向一面，对于自我的健康成长都必不可少。过于外向的人，由于缺少自我的反思和深化，往往流于肤浅；而过于内向的人，由于缺乏丰富材料的滋养，往往容易偏执狭隘。

因此，从这个意义上说，友谊就是孤独的滋养。因为友谊是我们向外界的开放通道，让我们接触到不同的人、不同的人格个性，受到不同行为方式和思维方式的影响，这些影响有助于开阔我们的视野。但反过来，孤独同时也是友谊的滋养。因为一个人只有通过孤独的沉思与自身对话，他才能够形成自己与众不同的、独具魅力的个性，而他成为一个富有人格魅力的人，反过来能有助于他拥有更多的朋友。友谊和孤独之间的关系，类似于吞食和反刍的关系。我们与外界打交道、交朋友，接受新鲜的刺激和别人的经验，吸收外界的营养，但这些东西要变成我们自己的，必须要在孤独中去反刍、去反思，最后变成自己对世界的看法和行为方式，变成自己精神世界的一部分。所以，如果一个人是完全外向型的性格，他可能会缺乏精神的深度和人格的独特性，因为他没有给自己内心足够孤独的空间，让它成长。但如果一个人完全是内向型的性格也不行，因为他的反思就会缺少材料和营养，所以他会变得视野狭隘和偏执。

自我：孤独与友谊

友谊是好客，是将家的场所、将自己开放给世界和他人，如同白天的生存于世，而孤独是闭门谢客，是沉淀和反思，如同黑夜的睡眠和遗忘，前者是纳新的过程，而后者是吐故的过程。因此，现代城市越来越没有黑夜可能有着某种象征意义，即象征着我们留给自己、留给黑夜的时间越来越少。例如，本来外向型性格和内向型性格都各有其内在优点，但今天外向被视作是值得推崇的性格，而内向则几乎成为一个贬义词，孤独被视作是"孤僻"的同义词。

在不同的哲学家或哲学之间，也存在这两种倾向的区别。有的哲学更加好客，更加开放，更加忠于友谊，即更加敏锐而多元；而有的哲学则更加内聚和孤独，即更为思辨和理性。例如，亚里士多德哲学是偏友谊的，而柏拉图哲学则偏孤独；休谟是偏友谊的，而黑格尔则可以说是孤独的顶峰；德里达是偏友谊的，而伽达默尔则更孤独。这有点类似于伯林在所谓刺猬思维和狐狸思维之间所做的区分。因为狐狸知道很多事，能够采取灵活的手段，狐狸的思维是离心的；而刺猬则是向心的，它知道最重要的事（遇到攻击时缩成一团），在孤独的沉思中提炼和凝聚一个准则，据此原则去理解和解释世界。

在很多有关翻译的争论中，人们也能看到友谊和孤独的取向之争，因为一种语言就像一个人。孤独的翻译者总是更照顾母语，认为一切异域的思想都必须"入乡随俗"，因此在翻译时注重以我为主，客随主便，强调将外语的思想加以创造性转化，以成为母语思想的内在组成部分，翻译的工作就是以自我去转化、消化外在他异物。这种翻译风格的特点是流畅、明晰、容易理解，有助于母语思想自身的有机创造，但缺点是以

127

己度人，不够忠实于原文意思。相反，好客的翻译者则更强调原汁原味地忠实体现异域思想的本来意思，不能用母语的视角去扭曲外语的思想内核，甚至在采用术语时尽量避免产生以己度人的联想。这种翻译风格的优点是能够更开放地以放弃自己的方式去接纳他人的思想，翻译更忠实、更准确，但缺点是难以将异域思想成功地"嫁接"到母语思想中，容易使异域思想成为一种在本土没有生命力的单纯"知识贩卖"，读者阅读时也会感觉更晦涩难懂。例如，海德格尔的 Dasein 如果翻译成"此在"就比"缘在"更好客。近年来有关 ontology 应该翻译成"是论"还是"存在论"的争论也是如此。从某种意义上说，翻译成"是论"更忠实，更能避免汉语先入为主的偏见，但它与汉语的思维和语言格格不入，很难融进汉语思想里，所以除非试图全盘西化，彻底否定自己的文化，否则这种译法就不是一个好的选择——绝对的好客意味着人们没有家，把自己的家让给外人住。因为严格来说，不存在完全忠实的翻译，翻译总是要以对外语思想的暴力为前提，完全忠实的翻译只能是不译，例如，把所有的术语用音译来翻译（例如，把 logos 翻译成逻各斯）。这里的两难是不可调解的，好的翻译者总是善于平衡：既不在过于好客中失去自己，也不再过于孤独中变得封闭而孤僻。对于专业研究者来说，问题就比较简单了，他应该以外语来阅读（出门交友），而后以更符合母语的翻译和解释来写作，这样他就能很好地既接纳异域思想，又能很好地使异域思想成为滋养本土思想的营养。汉语对佛教经典的翻译在这里可以被看作思想引介和思想创造的一个典范。

思与生命

我本科的时候，在文学院读书。读文学艺术类专业，是很危险的事情，后来出于当时自己也说不清的隐隐的直觉，选择了去读安稳的哲学专业。说艺术类专业是危险的，是因为它常常使人的情绪处于巨大的波动之中。尼采在《悲剧的艺术》中谈到艺术家在欣赏音乐时的感受："仿佛是把耳朵贴在世界意志的心房上，感觉到猛烈的此在欲望作为奔腾大河或者作为潺潺小溪从这里注入全部世界血管里，难道他不会突然崩溃么？"投身艺术中，就是投身于疯狂而迷人的激情之中，它时而让人莫名兴奋，时而让人低沉抑郁。我感到艺术让我的心灵变得过于敏感而脆弱，以至于细小的刺激都让我感伤以致失去行动能力。创造艺术，在某种意义上是直接地燃烧生命，而欣赏艺术，则像是直视太阳，情感过于强烈，不免会灼伤自己。哲学后来成为一种对此的疗愈，让我通过概念的、反思的墨镜去看太阳。凭借概念、理论的盔甲，我在很多年里没有感觉那么难过忧伤了，仿佛我的心逐渐硬起来了，我学会了将一切首先视作反思的"对象"，而不是直接影响我的东西，我又有了行动能力。斯宾诺莎的名言"不要哭，不要笑，不要恨，而要理解"成为我的座右铭。

如果说哲学是对危险的躲避,那么它也是通过趋向死亡来摆脱生命的危险气息的。歌德说,"理论是灰色的,而生命之树常青"。理论是对生命的反思,它把自己与生命隔离开来,把生命作为对象去研究,而不是纵身跳入生命之河中。当我们通过概念、反思、理论去把握生命时,我们就把生命转变为一些稳靠的东西,一些不变的、与自身同一的、自以为永恒的东西。然而生命却是永远在骚动着,它是常青的,永远与自身不同一的。正是在这个意义上,尼采令人惊愕地说:"真理就是非真理。"概念、反思、理论作为真理,是僵死的、不变的东西,是人们用来渡过危险的生命之河所扎的安稳的竹筏,因为人们害怕不稳定,所以人们需要用概念和语言去理解和把握生命,将它固定在可靠舒适的位置上。灰色的哲学散发着死亡的气息,而如果你厌倦死亡的气息,那么就只能投身危险之中,因为生命就是不安和冒险。人只能生活在危险和死亡之间:对有些人来说,生比死更艰难,对有些人则反之。当我在从事哲学时,某种意义上我把自己隔离在生命之外,我是生命的怯懦的逃兵。科学、理论、哲学本来都是为我们的生命保驾护航的,它进行预测,制造假象,设定轨道,让生命在危险的处境中得到生长。但它们最后走向了反面:让我们躺在理论所制造的安稳环境中,服从于理念的彼岸世界的设定,使我们最终放弃了生命本能的发展。理性成为没有生命并且束缚着生命的"蛹"。

我们不妨进一步来看看思与生命的关系。尼采曾将生命和对生命的反思视作主动和被动的关系。生命是一种主动力,它是能动的、进行肯定和创造的、行动着的,而反思则是一种反应力，是被动的，它寄居在生命上，对它加以思考和把握，是对它的重新咀嚼。因此，在某种意义上，反思是不创造的、不生产的，它要以生命所创造的东西为原材料。人们都很熟悉苏格拉底的一句话："未经省察的生活不值一过。"这是因为，没有对生活的反思，生命是盲目的，缺乏自我理解的，当人完全凭着盲目的本能和激情去生活时，他就好像处于蒙昧之中，他浑浑噩噩，像蝼蚁一样地生和死，活过就好像没有活过一样。但是，就像偏于生命而无反思让人陷入蒙昧一样，偏于反思而远离生命则让人变得苍白乏味。凭概念和规则生活的人是僵化可笑的，而凭本能和直觉生活的人却有着蓬勃的活力，直觉和本能是深不可测的，它有着世代的久远的积淀。这种本能和直觉不能完全被反思所解析，它与身体有关，有着神秘的内核，是一个深不可测的深渊。通过本能和直觉的行为，遗传和经验的智慧被压缩在行动的短暂一击之中。

例如，在生活面临重大抉择而犹疑不决时，人们常常会听到两种不同的声音，一个是理性的、可以得到辨明的声音，它告诉你应该这样做，并且给出了清晰的论证；另一个是自己内心的声音，尤其是当你孤独时，你会听到它的声音，它告诉你应该那样做，但它没有理由，没有根据，而只是一种本能或直觉。我们很难说哪种声音是对的。本能或直觉是过往经验智慧的凝聚，但它不一定适合当下特定的情形，而理性的明辨常常片面而不充分。例如，当你走在玻璃栈道上时，本能让你恐惧，但理性告诉你它是安全的，这时候你应当相信理性的力量，因为本能是基于过去过时经验给出的教导。而当你的理性的反思不够充分时，来自内心的声音可能是一个更好的指引。因此，如果你遇事不决,哪一种选择都没有充分的证据说明你,那么你不妨试试与自己对话,倾听和跟随你内心的指引。

人们常常会感到奇怪,哲学家是怎么开展他们的工作?他们也不做实验,也不去调研,似乎只是在书斋里读书或沉思,然后就生产出他们所谓的思想。但哲学如果说和自然科学以及其他社会科学不同,是因为它处理的是最一般的生命经验。对于哲学家来说,每天接触和经历的最平常的生活,都是哲学反思不可穷尽的资源。为此,他不需要去额外直接收集特殊或复杂的材料,或者说,所有经验科学的成果,都是他再反思、再加工的材料。"一花一世界,一沙一天堂",即使最平淡无奇的经验,也蕴含着无数的哲学反思的可能性,而哲学工作的根本任务无非在于"使之清晰"——明晰的代价是贫乏,而丰富的代价是愚昧。与理性的把握相比,生命行动是无限丰富的。

在反思和生命的不同侧重中,有的人行动力胜于反思能力,有的人反思能力胜于行动力。如果说只行动而不反思的人生,是浑浑噩噩不值得一过的人生,那么只反思而怯于行动的人则是干瘪乏味的人生。一般的哲学家往往把思辨看作是更高的价值,把思辨的生活视作最高的幸福,但是生命的行动才是思辨的源泉。因此,尼采说,我们应该把本能的行动视作创造者,而将反思的意识视作批判者,而不是如苏格拉底那样,将意识的思辨变成创造者,而把直觉(内心那"去做音乐吧"的声音)当作批判者。有人曾经劝告说,一个知识分子最好不要找另一个知识分子结婚,这样会使他们的生活变成乏味加乏味。例如普鲁斯特就认为,爱上平常的女子比爱上聪慧的女子更能丰富我们的理解。照此说法,一个文化水平不高而生命力强健的人，也最好不要找另一个同类的人结婚，这样会使他们的生活变成蒙昧加蒙昧。那些在行动力和反思力两方面都强有力的人，能够很好地在两者之间形成相互增强的关系：因为更能行动，所以为反思提供了更多的滋养，又因为更能反思，使得行动变得更自觉。

平常女子的行动是更加非自主的、缺乏反思的，常常会带点小迷糊；而聪慧女子的行动是明晰而坚定的，她知道自己要做什么，并且坚定地朝这个目标前进。前者有某种迷人的、令人困惑的丰富性，后者则更加自由和自觉。人们总是推崇理性和自律，但有时候，我们甚至会畏惧那些有着理性目标和强大执行力的人，他们总是一丝不苟地以纯粹理性方式生活，行动简洁高效犹如机器。例如人们开玩笑说，要小心那些每天准时六点钟起床的人，能够说戒烟就戒烟的人，即使寒冬腊月也坚持洗冷水浴的人，因为他们有恐怖的执行力，什么都干得出来。理性和反思让我们更自由，但也使我们更贫乏。因此，与女人相比，男人总是更乏味。例如，浪漫、讲情调、任性、受情绪驱动，这些行为都是浪费的、不经济的、非理性的，男人则总是负责看价格标签，事先制订计划，阅读产品说明书，如此等等。一个任性的女人需要理性的男人做她的堤坝，而一个乏味的理工男也需要感性的女人去浸润他的生命。但是要言之，每个人在自己的行动中都需要协调这两方面，避免走向极端。迷糊的人要增强反思的力量，理性的人要约束理性的傲慢而听从生命本能那更强大的力量。

观察、想象与记忆

很多语言里都有一句类似的谚语"眼见为实";但在实际生活当中,很多时候我们看到的可能并不是事实,而是我们为自己制造的幻觉,这在恋爱中的青年男女那里十分典型。人们说,热恋中的人是盲目的,在他的眼里,爱人是散发着光芒的,他常常只看到对方的优点,而看不到对方的缺点。因为任何东西要向我们显现,总是首先"作为某个东西"而显现的。例如,当你早上一醒来,你看到了房间里熟悉的一切东西,这时,这些东西首先是像符号一样向你呈现。例如,你看到的总是"床""桌子""椅子"等,它们实际的颜色、质地、形状等没有如其所是地向你显现,而是像背景一样被虚化了。除非它的颜色等出现了不同寻常的变化,我们才可能会将注意力的"焦距"调向它,让它的直观内容向我们显现出来。但是,我们所看的事物在被我们看时,我们除了看到感觉中的直观内容外,我们还会"脑补"一些看不到的内容,换句话说,这些内容是被想象出来的。任何知觉都包含着想象。例如,当你看到一个篮球的正面,那么你会连带地预想它有一个背面,这个背面与你看到的正面有着同样的颜色和弧线。你看到一条狗,你不用看到它张口，你就设定或想象了它有锋利的牙齿。这时，你过往的经验、你的情感、你的欲望会让你预先脑补那些没有直接向你呈现的东西。换句话说，这时候你看到的东西，大部分是你自己为自己制造的幻觉。所以，不同的人，基于不同的情感和经验，有时候就会看到截然不同的东西，爱狗的人看到的狗是温顺可爱的，而在怕狗的人眼里则可能是凶神恶煞的。恋爱中的青年男女，会将自己心目中的理想欲望对象投射到恋人身上，在恋人的那些他看不到的面向，他会用自己想象的东西去填补和投射。因此，最开始的时候，他与其说是爱着对方，不如说更多地是在爱自己为自己制造的幻觉。随着交往的深入，那些看不到的面会越来越多地向他展示出来，从而与他预想的美好发生冲突，这时候他开始看到更多的真实。而这些真实会逐步打破原先的幻象。

一开始的时候，当我们在看时，看到的往往是贫乏抽象的符号和意义，而不是直观的感觉内容。我们平常所看到的世界，与其说是光怪陆离复杂难言的世界，不如说是清清楚楚、井井有条的标签化了的世界。这是桌子、那是椅子，这是树、那是房子，等等：这是一个透明的世界。这个时候，我们与其说是自己在看世界，不如说是用前人的眼睛，用沉淀已久的文化的眼睛在看世界。有时候，我们也说，我们是用唐诗宋词的眼睛在看世界，当我们在看山、月、雁、楼时，古人的意象、情感也已经渗透到我们的知觉中去了。弗洛伊德曾说，我们的童年相当于用几年的时间走完人类几千年的历史进程。将这漫长的历史压缩进童年之中后，我们才终于进入了现代人类的"世界"。然后，我们可能需要花很长时间，才能学会真正地用自己的眼睛去看世界，这是很困难的，因为这意味着，当你在看的时候，你看到了别人从未看到的东西，你是在创造。这种创造某种意义上类似于"世界的创造"。当你看到一个新事物，你给他命名，当你用语言将它表达出来，你同时也是在"使之存在"。一个哲学原创概念的提出，一个真正的艺术作品的创作，某种意义上都是在进行创世的工作。它既是在描述一个对象，同时也是在创造出一个对象，他通过描述来进行创造。从此，你就给了别人以新的方式看世界的眼睛。

当然，我们在看事物的时候，不仅看到了抽象的"一个东西""一个概念"，同时也看到了具体的直观内容，例如这个如此这般的树。但我们总是透过这些符号和意义，我们才看到那个形象的、直观的对象的。符号概念就像统御军队的统帅，而直观内容就像是服从概念调遣的士兵或概念骨架的填充物。这些符号和意义既是事物向我们显现的条件，但同时也掩盖了这个事物本身。这就是我们平常说的"标签化"现象。我们总是会给各种各样具体而复杂的东西打上某种标签，我们透过这种标签的帮助来认识这些事物。没有这些意义或标签，我们甚至不会注意到这些事物，即这些事物不会作为"一个事物"而向我们显现。但这些概念符号作为事物的标签，同时也使事物变得贫乏、片面化了。所以我们也会说，这些事物总是以遮蔽的方式显现，同时又以显现的方式遮蔽：显现总是有所遮蔽的显现。当你注意到这个事物的这些方面时，一定同时有很多方面被排斥，被虚化到背景中去了。

在科学哲学中，有一个类似的提法，叫"观察渗透着理论"。人们总是在理论的帮助和指导下进行所谓的科学观察的，否则你根本不知道怎么去观察。与此同时，新的观察又帮助我们去修正理论或创建新的理论。当作文老师教我们"学会观察"时，这个观察能力显然不是一件只需要当下集中注意力就能办到的事。你能看到多少，它取决于你已经拥有多少，也取决于你的想象力（你想看到什么）。当我们在看的时候，我们相当于把自己的全部过去和未来压缩到观看的那一瞬间。这就是说，我们调用了我们全部的经验储备，并且让观看接受着我们对未来之愿望的牵引。观察的驱动力是欲望，正是这个欲望激活了想象力。

具体来说，我们在利用我们的全部经验以应付现在（当下的感知或当下的行动）时，我们像一个聚光的凸透镜：当我们聚精会神地应付眼前的行动时，我们的过去和未来就被压缩进这个当下瞬间的点中。这个时候，我们完全是在感知或行动，既没有沉湎于过去，也没有畅想未来，而是过去和未来完全被调用到服务于当下，聚焦到当下的挑战中去了。但是，假如我们的行动不那么紧迫，注意力不那么集中，这个时候过去的回忆和未来的想象就会活跃起来，有时甚至会达到妨碍我们行动的程度。例如，有人在做事的时候走神，在读书的时候浮想联翩，这个时候过去的经验不仅仅参与到当下活动中，而且已经转变为当下的回忆或想象的意识行为。或者像柏格森说的，这里有两种记忆，一种是行动着的记忆，它没有得到表现，没有被专题地被回想，而是服从于当下意识，参与到感知中去，以实际的方式发挥着作用；另一种是表现着的鲜活记忆，即他在回想着某件事情。据说，只有人才有后一种记忆，而动物只有前一种记忆（例如狗认出主人）。很多时候，人可以随自己的心愿，或者更多地放任我们的思维在一个更广的时间平面上活动，或者将它们凝聚到当下的活动中去。

爱胡思乱想的人，他的发散思维往往更活跃，联想能力越强，但这也容易削弱他的行动能力。虽然他的记忆储备足够丰富，但却无法迅速有效地服务于当前的知觉或行动，记忆与知觉之间的配合不够自如，例如诗人常常就是这样。一方面，认识在这里也有着"马太效应"：你拥有的越多，你能够从对象那里读出的东西，收获的东西就越多。在理解中，人们总是遵循着"以爱见爱，以恨见恨"的原则：你有什么，你才能得到什么；或者说你拥有的越多，你能理解的东西也就越多。另一方面，你能读出的越多，想得越多，就越难以把自己变得足够锋利以插入行动。这就是为什么人们说"书生造反，十年不成"：想得太多的人，不免变成了"布里丹的蠢驴""夜里想了千条路，早上起来走老路"。学问家的本领是把简单的事情变复杂，但这往往不可避免地损害了把复杂的事情变简单的能力，即损害了行动和决断的能力。而另一种人，思维相对简单，记忆不够活跃，这会使得他不能对处境或知觉对象激发足够丰富多样的理解。因为他的生活经验（记忆）不够丰富，那么他对周围世界的知觉（解释）就是贫乏的，这种人也许是个有效的行动者，但想象力却不够，思维不够发散。他们的行动没有得到记忆的足够多的建议，就像一个鲁莽的将军缺乏一个足智多谋的参谋。

用精神分析的话语来说，在行动时，本我（或叫作它我）受到自我的支配，服从于现实原则。在自由联想时，作为无意识的记忆，本我能够更自由地活动而不受压抑。行动时，精神能量是受约束的状态,这些能量被约束和引导,朝向一个方向发挥作用。但在自由联想或无意识中,精神能量不受压抑,它们自由地活动,没有一个目标,也达不到一个现实的成果。因此,发呆或者说出神会有很好的放松乃至治疗的效果,与做梦的效果类似。因为行动(知觉)对记忆有压抑作用,记忆完全服务于当下而缺乏自主性。举个例子,当我们放松下来或大脑闲置时,某些被遗忘的要做的事会被突然想起,或者某些被压抑的悲伤就会不可遏止。长期压抑必定会妨碍心理健康,累积下来的丰富记忆如同一个压力泵,当压力达到一定程度而得不到宣泄时,就会摧毁心理机器——这也就是为什么,做梦经常被打断的人会变得暴躁易怒。

因此,自由发散的无机状态和紧张约束的有机状态不仅是一条线段的两个相对立的端点,而且还有着相互支持、相互增强的关系。紧张约束导致高效的行动,但它要以压抑为前提,在这种高度组织化的状态中,大量的东西被牺牲了,一切都服从于一个中心目标;反过来,自由发散是放松的、快乐的,但它也是瘫痪的,它盲目地追求快乐原则和直接的满足,拒绝现实原则,因而最终会受到现实的惩罚。从时间上来说就是,它不是协调自己的欲望以达到长远利益的最大化,而是要求当下的即刻满足,当它走向极端时,就有自我毁灭的危险。因此,如果自由发散没有紧张约束的规范,它将自我解体;而如果紧张约束缺乏自由发散的营养供给,它就行之不远,并且在高度压抑中走向自我崩溃。而能够在两者之间相互协调的人,则可以使自己在两方面都获得很好的实现,这也就是所谓的"文武之道,一张一弛"。

对一个个体来说是如此,对一个社会来说也是如此。集权化的社会或战时机制有着高效的行动力,但不要忘记,它的行动是以压抑为代价的。且不说它将导致不快乐(因为现实而压制了快乐原则),导致各种精神健康问题,它还最终会在紧张约束中耗尽它的能量和营养,并且最终丧失行动力。举例来说,一个社会如果只颂扬高效的实干家,而贬斥那些自由散漫的、天马行空的思想家,那么实干家就会失去智力的支持。我们的社会往往过于强调实用,本质上就是偏重紧张约束状态,而忽略了自由发散状态的积极意义、"无用之用"的意义。实际上,自由发散是对紧张约束的支持。自由散漫的社会固然有它的优点,但它以丧失行动力为代价。这里,个体单元将自身的利益凌驾于整体之上,他们作为个体可能很有创造力,但作为一个整体却像一个无头苍蝇。用"无头"来作比方是很恰当的,因为人身体的"头""四肢"等组织就是有机化状态,在这里大脑对身体的各个部分起约束和支配的作用,协调它们朝一个目标行动。

对于日常生活中的个人来说,他既要让自己身心紧张起来,调动它们的能量,以应激的状态面对现实的挑战,也有必要将自己从响应现实要求的压力中解放出来,去做梦(夜梦和白日梦),去无梦地睡眠,以及去放松注意力、放空自我,让自己沉湎到无边的思绪中。这样,那久被抑制的记忆和欲望就能得到些许的解放,并且去滋养我们的行动,就像有机物从无机物中获取营养那样。照这样的类比,我们也可以说,有一些人,记忆的丰富性和颠覆性过于强大,以致摧毁了行动能力,这使得他近于精神分裂症患者；而另一种人是在现实面前过于紧张，因而无法从容有效地调用记忆，这会使得他近于强迫症患者。

闲　暇

　　人们常常感叹说，今天的社会太喧嚣了，我们需要多一点沉默；今天的社会也太热闹了，我们需要多一点孤独；同时，我们也说，今天的社会太快了，我们需要慢下来，大家每天忙忙碌碌，我们需要多一点闲暇。但很奇怪，由于现代技术的发展，我们越来越从劳作的艰辛中解放出来，应该有更多的空闲时间才对，为什么我们的闲暇反而更少了？当然，我们的休息时间肯定比以前多了。例如，以前每天工作十小时以上，今天人们每天工作八小时，每周还休息两天。但实际情况却是，我们并没有因此闲下来。我说的闲，指注意力的空闲，而不是休闲娱乐的闲。一个人在看剧或玩游戏，他只是相对于工作来说处于休闲娱乐状态，但他却并没有让自己闲下来；相反，他很忙，他的注意力完全被某个事情所占据。真正的闲是放空的状态，是注意力不被眼前任何东西占据的状态，例如，打坐冥想是闲的，发呆出神时是闲的，朋友相坐无言是闲的，甚至无所事事时的胡思乱想也是闲的。

　　为什么我们也需要注意力空闲？因为注意力若总是被占据，就好像一幅没有任何留白的图画，就好像一头只进食而没有时间反刍的牛。当注意力被完全占据时，人死死地被捆缚在眼前之事上面动弹不得。只有一个人注意力空闲时，身前身后之事才会被纳入我们的思维，我们才可能与现实的事物稍微拉开一点距离，并且凭借这个拉开的距离，那些被压抑的东西才有机会浮上意识的平面。设想你错过或忘记了某件重要的事，且你也忘记你曾忘记了它。如果你总是忙于各种眼前事务，这种遗忘很少有机会闪入你的脑海。但当你停下来，当你什么也不做的时候，你所遗忘的、错失的、刻意压抑的情感和记忆，才会浮上心头，譬如你想起来：呀，我忘了给花浇水了。只有在注意力不是高度紧张贯注，而是放松闲散时，我们才有可能"思接千载，视通万里"，借此把时间拉伸和撑开，让那不再存在的过去和尚未到来的将来来到现在。一个只盯着眼前而不将过去和未来纳入思考的人是短视的、病态的。

　　让我们以欣赏艺术为例。艺术的审美体验必须以充足时间的审视、接纳、消化为条件，主体必须要放松注意力，让自由联想起作用，将自己的生命经验调动起来，参与到审美活动中去，才能最大限度地与审美对象产生共鸣。一幅被装帧起来的艺术照片可能强烈地震撼我们，让我们反复端详，激发我们无尽的联想，让我们徜徉其中，但假如这幅照片只是视频中的一帧画面，那它可能甚至都不会引起我们的注意，更不要说让我们获得审美的享受了，为了让这种享受变得可能，我们需要长久的注视，艺术电影固定镜头和长镜头往往比较多就是这个原因。注意力的停留、放松、空闲是审美感受的重要条件。可悲的是，今天的人们越来越匆忙，越来越急不可耐地去追求刺激，生怕在注意力空闲之时让无聊的恶魔闯入。艺术作品越来越迎合人们的这种倾向，快节奏的蒙太奇越来越取代缓慢的长镜头，如果一个电影在半分钟以内没有什么戏剧性的情节推进，就会被观众抛弃，被人们吐槽为"闷"。小津安二郎或侯孝贤式的电影在今天还会受到人们的欢迎吗？真的很令人怀疑。大家信奉的是，如果电影或电视剧在前十几分钟不能制造悬念，没有情节的快速推进，就要被观众宣判死刑。而今追剧或看电影的人，已经习惯了开着1.5倍的时间倍数，小说如果在一页之中没有推进故事而只是描写环境，往往会被读者直接跳过。古典小说越来越被今天的读者抛弃了，因为它节奏缓慢。如今受欢迎的是所谓的"爽文"，这里已经没有什么我们与作品之间的对话，没有生命的激活，没有沉潜玩味，只有一刻不停地吞食着的贪婪空虚的胃。然而在审美中，往往"少就是多"，主体要参与就意味着主体的注意力不能总是被占据。一切美好的东西，都需要时间的发酵。

在注意力空闲时，我们会做很多不同的事情，例如发呆。发呆的人是幸福的、自由的。在出神的瞬间，我们感觉自己像是从不停奔腾的时间河流中跳出来了，像是从高速运转的社会齿轮中摆脱出来了。我们游离在它们之外，世界好像突然和我们无关，我们在自己的世界里遨游，任意地驰骋。出神的状态，在西方传统中甚至被视作一种神秘而崇高的体验，一种"狂喜"和"绽出"的体验。它在中国传统中也是一种与神秘沟通的体验，所谓"元神出窍"。"出神"和"绽出"的特殊性在于，它是一种"虚己""无我"的状态，让自身被他物占据的状态。当自我放松到极致的时候，自我仿佛就消融了，我让出了我，把我交给了他人或世界。在"入神"的凝神关注中，自我收缩起来，把自己攥成一个拳头，以便有效地行动或做事；但在出神时，自我放松自己，消除戒备，放弃"我执"，让自我中那些非我的东西（本我/它我、无意识），独立于自我起作用。也就是说，自我虚怀敞开，泰然任之，以一种"让……"的方式活动，让"灵感"和高于自我的神秘降临到我们的精神中，借此我们才能够达到一种与万物精神相往来和沟通的狂喜状态。

冥想训练的关键之一，就是人的注意力的调节，通过让注意力放松和空闲，我才能打破我执，放弃那个禁锢封闭自己的狭小自我，让自己向世界敞开，从而认识到自我无非是世界之大我的一个部分，而不是它的对立面。这时候，我们才能以艺术性的方式领悟到，自我与他人、世界的分离乃是一种幻象，是我身体与他人和世界在空间上的分离所造成的错觉，毋宁说我和他人、世界原本是一体的，我是他人和世界的河流中分出的支流，是他人和世界树干上孽生的枝丫。在精神分析谈到id时，人们把这个id翻译成"它我"是比"本我"更为妥当的。构成我的大部分内容乃是它我，是人类文明的公共遗产，是物种的遗传本能，而自我不过是缓慢地在这个巨大的它我的基础上构建出一个自我的形象。因此，在精神卫生学中，注意力空闲时的自由联想不仅是一种放松和愉悦，也是一种治疗的手段。精神分析解除意识防御的重要手段就是自由联想，借此它让那被压抑的东西得到展示，进入意识。

因此，注意力的紧张和放松、忙碌和空闲，如同人的呼吸一样同样重要。我们既需要内聚的力量，借此自我凝神贯注地行动，成就一个独特的自我；也需要拉伸的力量，借此自我放松注意力，拉开与现实之间的令人窒息的距离，敞开自己，释放自己。今天的现代人，即便为了自己的健康，即便为了更好地行动，也越来越需要将自己从紧张的专注工作中摆脱出来，从休闲时的对垃圾信息的饕餮吞食中摆脱出来，放松自己的弓弦，多发发呆，多放空自己。也许有一天，我们会突然看破功名利禄的虚妄，看破自我的虚幻，体悟到老子所说的"吾之大患者，为吾有身，及吾无身，吾有何患"的真意。

灵感的造访

　　灵感是一个大概很难以理性方式去把握的东西，它带有浓重的神秘色彩，按照一般的看法，灵感是神秘的、可遇不可求的。我们看到现象学家描述和分析各种现象，但似乎还没有看到有分量的关于灵感的现象学分析。以笔者之见，理解灵感的一个较容易的入手之处，是注意力的放松和空闲。虽然灵感的造访不一定是在注意力放松或空闲之时，在积极工作时也可能突然会有灵感闪现，但灵感与注意力空闲共享同一个特征，就是主体的被动无为。注意力的凝神贯注要求人积极主动地参与行动，但注意力放松或空闲却不需要人有意去做什么，而只需要人"让……发生"，这其中就包括"让灵感发生"，等待灵感的造访。然而，即便灵感在人全神贯注工作时造访，灵感也总是以出人意料的方式到来，我们没有办法操控它、支配它，相反人好像总是被灵感支配。在灵感不来时，创作者们即便搜肠刮肚薅光了头发也无济于事；而在被灵感击中时，人感到自己仿佛被神灵附身，神灵在借自己之口说话，写下了自己都无法理解的东西。总之，即便人在有意作为，灵感也不是人有意作为的产物。因为这种缘故，灵感总是被归结为无法理解的天才的迷狂，而很少能得到人们清晰的描述。

为了在这里清楚描述灵感的发生，让我们从最日常的某些现象谈起，这些现象尽管不是典型的灵感意识，却分有了灵感的某些特征。例如我们先谈谈"突然想起……"。假如有朋友托你在下次造访他时带一本书给他，但你在出门时完全忘了这事。走到半路上，或者你偶然看到一家书店，然后突然想起，"哎呀，忘记带书了"；又或者，当你快要到朋友家时，你无端地突然想起忘带书了（越接近朋友家，突然想起的可能性就越大）；又或者，你在无所事事地乘坐地铁，思绪放空之时，要带书的记忆突然闪入你的脑海。这个被遗忘的记忆来到意识的方式，和灵感到来的方式几乎是完全相同的：我们没能支配它的到来，而是它出其不意地到来。我们可以把这种现象理解为"只有灵感的外表，但不具有灵感的内容"的伪灵感。现在我们来看，它是怎么到来的。

首先，对于意识着的思维来说，总是有某些事情是它正在处理和关注的，而之外的事情则处于边缘或沉入意识的水平线之下，就好像它暂时不被 CPU 调用，不占用内存而是被存储在系统硬盘之中。这些下沉了的想法、观念对于意识着的自我来说，就好像围绕着恒星周围的天体，彼此之间存在着引力的作用。例如，越是刚刚下沉的记忆，就越鲜活，对自我保持越大的引力（用胡塞尔的概念来说就是"触发力"）；反之，则像距离遥远的天体那样，还没有被对方的引力捕获。同时，这个自我不是一个中性的自我，而是一个有自己的倾向、习性、欲望的自我，它越是将欲望贯注到某一类对象上去，那类对象就越是向它保持较大引力，因而更容易闯入意识领域。所以，对人越重要的事情，人总是越不容易忘记，也越容易回想起。如果有人因为忘记了约会而向对方道歉，表示说自己不是故意的，真的只是忘了，这时我们虽然愿意相信他的说法，却不一定会原谅他。因为如果这对他来说真的是意义重大的约会，那么他就不大可能忘记，而如果他忘记了，说明他并没有重视这次约会。在这里，主体无意的行为往往比有意的行为更能泄露他的内心。但是，假如这只是一次普通的约会，而对方解释说：真不好意思，最近刚好遇到大事，真是忙昏头了，把这事忘了。则我们可能愿意原谅他，因为不同事情对自我保持的引力，总是处于与其他事物的竞争之中。如果某个时刻，其他事情的吸引力减弱，那么可能这个事物的吸引力就会在竞争中胜出，并上升到注意力层面，于是唤起了一种自我的主动意识：呀，我忘了带书。但假如其他的事情很多，那么带书或约会的事情则会在竞争中落败，从而沉入意识深处乃至完全被遗忘。这也说明了为什么我们在前面会谈到注意力放松或空闲的重要性。因为在注意力放松或空闲时，那些向我们发出微弱引力的东西（重要但不紧急），才有机会浮上意识平面，而假如总是眼前鲜活之物占据注意力（紧急但不重要），那么前者就没有表现的机会。所以，如果才思枯竭，那么去换个脑子放松放松，消遣娱乐，往往反而会突然给你带来柳暗花明的灵感，因为恰恰是这时，你为灵感的到来准备了场所。

其次，记忆的到来不仅与过去的不断下沉有关（越是久远的事，下沉越深），也与未来的引发有关。假如我忘了带书，走在去朋友家的路上，那么我越接近朋友家，想起忘带书的可能性就越大，因为未来之事在向我发出召唤的引力。试想一个更明显的例子：我忘带钥匙，那么离家越近，钥匙对我就发出越大的引力，因为有一个要用钥匙开门的微弱意识在逐渐活跃起来，越来越靠近自我，从而发出越来越大的引力，就像随时间推移，过去的事离自我越来越远而引力越来越小一样。我们知道，这与意识的向前投射的机能有关，现象学术语称之为"前摄"，例如，在未来的音乐旋律到来之前，我们会有一个预想，就好像我们在召唤它。因为有这个预想，所以事件的发生才会是令人惊讶的或司空见惯的。但在这里，我们也可以谈论一种反向的力量：不是我向未来之事发出召唤，而好像是未来之事向我发出召唤。

再次，突然想起某事，往往需要一个触发它的媒介，这个媒介如同在被遗忘的对象和自我之间搭建了一个桥梁或跳板，将两者关联了起来。如果我路上看到书店，那么就非常可能促使我想起忘带书：书店在这里就起到了一个媒介的作用。很多时候，我们隐约地感到灵感就在眼前，似乎快要抓住它了，但就是还差那么一点，就像我们感觉自己一定忘了什么，但却想不起来。这时，只要某个与之有一定相似性的媒介触发，我们就能将它吸引过来，寻找灵感很多时候就是寻找这样一个媒介的过程。头脑风暴对创造性思维有帮助，就是因为它将多种多样的事物搅和在一块，碰碰运气，看看其中是否有哪个要素能起到媒介的作用。灵感受阻的人，往往需要转移注意力，将目光转向多种多样的事物上，只要他一直保持追逐灵感的欲望（自我持续地发出引力），那么总会有一天，会有恰当的媒介出现，将要寻求的对象勾连过来。

因此概括起来，突然的想起和灵感的造访，在发生方式上都需要有这样一些要素：第一，它需要自我在情感、欲望或兴趣上做好准备。人总是容易记起对他意义重大的，他不愿忘记的事情，人的欲望是引发它的最重要动力，强烈的好奇心、狂热的求知欲是科学灵感降临最好的土壤。所谓"念念不忘，必有回响"，灵感也只给那些有准备的人，你只有去寻找，才有可能找到。什么都不做，灵感是不会降临到我们头脑中的。

第二，除了在动力上做好准备外，人还需要为之准备好丰富的积累和材料。灵感的闪现往往类似于临门一脚，但在这之前需要先有扎实的积累和充分的研究。灵感是想象的跳跃，但这种跳跃是建立在记忆的地基上的。在古希腊神话中，代表灵感的九个艺术女神缪斯都是记忆女神谟涅摩绪涅的女儿。如果灵感的发生有某种触发的媒介在起作用，那也是因为在头脑中已经有深厚的记忆积淀作为"主媒"，是它与媒介发生了相互吸引的联想作用，空有欲望但大脑空空的人是不会被激发出灵感的。

第三，除了以上两种准备外，常常还需要的就是某种发挥原初联想作用的媒介。若干要素之间碰撞，不经意的某个机缘的帮助，会促使某种大胆的、创造性的想法突然产生。这里多少会有着运气的成分在里面，但它也不是完全无迹可寻。例如，如果人怎么也想不起一位故友的名字，那他为了帮助记忆，可能会回想与之相关的周边事物，看看会不会帮助自己想起那个名字，这时他就像一个人拿着磁铁去到处碰运气，看能否吸引上什么东西来，或者像一个人不断更换不同材料的东西，看它们彼此能否产生反应。

但是，灵感虽然和"突然想起"有这些表面的相似，在实质内容上却有着根本的差异。因为突然想起的东西，是已经存在或已经知道的东西，我们需要做的只是把它找出来，但灵感却是一个全新和未知的东西，我们需要在想象中将它创造出来。因此，这里总是有一个不连续的跳跃。为了说明这种真正的跳跃和创生，让我们设想与之不同的情形，然后再慢慢接近核心。假设一个人被要求去解决一个问题，例如计算某个天体在特定时刻的位置，那么在既有知识的框架内，他能够进行演算和推理，然后按部就班地得出它的结果。这时，他虽然事先对答案是未知的，但这种未知在逻辑上已经蕴含在已知之中，因此他不需要灵感，而只需要理性。理性的特点是，它是连续性的，如果给定了前提，那么就能推论出结果。如果 $A > B$，并且 $B > C$，那么我不需要灵感就能知道 $A > C$。

现在我们设想另一个情形。有人可能会有这样的体验，当一个决定性的灵感闪现之后，随之仿佛一个闸门打开了，他思如泉涌，感到有源源不断地灵感接踵而来。例如，艺术家突然获得一个灵感后，整个视野仿佛一下被打开，灵感一个接一个到来。这时，我们仔细分析就会发现，只有第一个决定性的灵感才具有灵感的特质，是一个决定性跳跃，而后面接续的那些灵感，本质上已经不是典型的灵感，而是第一个灵感所蕴含的逻辑后果。也就是说，它虽然是未知的，但这种未知已经蕴含在已知之中，犹如哥伦布在海面第一次发现新大陆后，那么接下来的发现都将是顺理成章的。纯粹以理性引导的方式所获得的新知识，不是真正创造性知识，因为它的发生在逻辑上已经蕴含在想象性的开端中了。

我们强调，有一种跳跃式的灵感带有未知的特征，带有问题的特征。柏拉图曾经提出所谓学习的悖论：如果你知道一个东西，那么你不用学习，因为你已经知道；而如果你不知道一个东西，你也无从去学习它，因为你根本不知道它，也就不可能想到要去学习它。悖论的解决在于指出存在一种特定的未知或者说特定的知道——"知道自己不知道"，它既非纯粹的知，也非纯粹的无知。这种特定的未知的知识才是最根本的知识，因为最重要的知识乃是能够提出真问题，揭示出有未知存在，而对其的进一步探索和解决，则在某种意义上是顺理成章的逻辑展开。灵感和理性不同之处就是，它是一种突然的新发现，问题的发现往往是跳跃性的，而问题的解决则更接近于理性的展开。设想一个艺术家突然获得某种无以名状的感受，并且有强烈的冲动想将它表现出来，例如想要写一首诗，但他始终还没有获得表现它的决定性的新灵感，直到有一刻有一束光将一切照亮，于是一切获得了定型。在这里，那种最初的"感受"是一个模糊的灵感，它是决定性的，如同受孕，而获得它的表现的新灵感，则类似于分娩，相较而言不那么具有革命性的意义。

"模糊的灵感"作为"有问题！"，是原初的被给予；而"表现它的灵感"作为"有答案！"，则是对问题的一种创造性的解决。它也是一个跳跃，因为我们需要找到一种创造性的"模型""概念"来表现该问题，让这个问题获得一个合理的解释，这就如同艺术家创造性地找到一个形象来表现他的情感和思想，这里科学和艺术的工作在本质上是相似的，都是在进行"虚构的创造"。就"有问题！"来说，科学是在"发现"新知识，因为被认识的对象和问题不是凭空虚构出来的；但就

"有答案！"来说，科学是在"发明"新知识，因为这种把握和表现对象的模型，是虚构出来的，而不是事物本身就具有的。科学认识同时具有"发现真理"和"发明真理"的双重特征，即真理既是被发现的，也是被发明的，否认前者，就违背了唯物主义，而否认后者，则无法解释认识的真正运作。在科学哲学中，关于认识的逻辑起点，有两种不同的意见：一者认为是事实，一者认为是问题。根据我们上面的理解，就能很好地解决这个争论：认识的逻辑起点既是事实，也是问题，因为它们本质上是同一个东西。例如，以前人们用"燃素"来解释火和燃烧的现象，这种理论的解释力很弱，无法说明很多现象；后来人们发明了"分子运动"的模型和理论框架来重新解释它们，就使问题有了更合理的解释。但从本质上说，"分子运动"和"燃素"之间的区别并非一种是真的，一种是假的，而是两者都是理论的虚构，只不过前者比后者具有更融洽、简洁、有力的解释力。也许将来有一天新的理论会表明分子运动模型和燃素一样是"错的"。现在，这种虚构的、无中生有的理论模型或表现方式，也不是旧体系的理性完善和逻辑展开，而是一种跳跃、断裂和革命。所谓科学中的范式革命的理论和思想，本质上只能来自灵感，来自一种想象虚构的天才，它的跳跃、断裂、没有来由的特点，给人以凭空而来的印象。

于是，我们这里就得出一个很违背常识的结论，真正的真理恰恰是"非理性的"，是无根据的被给予，就好像是一件突如其来的礼物，所以我们也把灵感视作上苍赐予的礼物，它不是人的作为。人的作为是理性，而理性不是决定性的，当理性将那被赐予的礼物加以彻底把握和呈现后，我们才拥有了通常意义上的真理：明确的知识或观念。真正的真理、原初的真理是"这里有问题！"，是有一个未知的被给予，即被给予的总是问题本身。胡塞尔把它称作是"原感性"，而列维纳斯又把这种纯粹感性直接解释为"灵感"。这就像天外陨石的坠落是决定性的，而对该陨石的科学探测、分析和研究则不是决定性的。例如，一个新物种的出现不是生物学家的作为，生物学家所能做的不过是发现它和解释它，通过概念、判断、推理来对它加以占有和把握。但新物种的出现本身才是原初的真理，是使人的真理得以可能的真理。

其次的真理，即赋予问题以决定性解决或表现的真理是"这里有答案！"它是创造性的表现方式的提出，革命性的力量和伟大的艺术家在这里居功甚伟，他们开创了一个时代。有时候，一个天才提出了革命性的理论，就是为时代提供了一个跳跃的、开创性的起点，由这个开端出发，可能需要无数人用上百年的时间来展开和完善它，但这些人从事的本质上是普通人的工作，因为他们不再需要跳跃，不再需要灵感，而只需要艰苦的努力，以便将这个逻辑的开端充分地展开出来、推广开来，简言之，他们只需要遵从理性和逻辑的指引就足以前进。当然，需要补充一句，上面的这种描述未免是粗暴的，因为实际上没有如此绝对的区分，有的毋宁是天才式灵感和理性指引之间不同比例的配比。有巨大的跳跃，也有微小的跳跃，绝大多数普通科学家或艺术家的工作，也需要灵感和创造，只不过在这里理性的逻辑展开的力量更大，而创造性的跳跃较小而已。

因此，我们可以看到，灵感有着不同的类型，这些类型构成一个模糊的晕圈,在其核心处,是典型的灵感,例如像牛顿因为苹果而想到万有引力之类的广为流传的事例:伟大的科学家们突然之间被灵感击中,获得了启示;或是伟大的艺术家,突然进入灵感的迷狂状态,甚至在无意识的情况下完成创作。也有不那么典型的灵感,例如,发生内容上,最不典型的就是突然想起某个已知的记忆,其次则是某个小问题的创造性解决;而在发生方式上,最不典型的冥思苦想该问题时的突然想明白,其次是随着决定性灵感而来的那源源不断的灵感涌现,如此等等。

叔本华曾说,真理都是从后门进来的。这个后门就是人为灵感准备好条件,就是让灵感、真理在不受人支配的情况到来。真理意味着人被给予一种他无以命名,对他来说毫无根据、无法理解的东西;真理也意味着人以一种无法解释的方式得以对上述东西有所表现。让我们简单地说,真理就是非理性。因为人能主动控制的只是自己的理性活动,而这种理性本身不会有跳跃,它只是以逻辑的方式展开。所以,人能拥有和掌控的只是等而下之的真理,它仅仅是对非理性真理的逻辑展开。原初真理的到来和消失超出理性的把握能力。

真理是幽灵,我们既无法令它来到,也无法令它消失,真理自行来到并自行消失。真理是想象的产物。我们能做的就是等待,以及准备好我们的等待,就好像农民播下种子,然后等待它的成熟。

外 篇

中介的精神

事件、故事和意义

在《三体》中，刘慈欣虚构了一个关于"无故事王国"的故事：

> 很久很久以前，有一个王国叫无故事王国，它一直没有故事。其实对于一个王国而言，没有故事是最好的，没有故事的国王中的人民是最幸福的，因为故事就意味着曲折和灾难。
>
> 无故事王国有一个贤明的国王、一个善良的王后和一群正直能干的大臣，还有勤劳朴实的人民。王国的生活像镜面一样平静，昨天像今天，今天像明天，去年像今年，今年像明年，一直没有故事。

这里令我感兴趣的是"无故事王国"的设定。一个无故事的社会是可以想象的吗？无故事的人是幸福的吗？使故事成为故事的本质规定是什么？

刘慈欣在这里描述了无故事社会的两个基本特征：第一，没有曲折和灾难；第二，没有变化的单调重复。假如一个人，每天过着起床、吃饭、睡觉的一成不变的生活,他是否是没有故事的人?海德格尔曾说亚里士多德是一个没有故事的人,关于他的生平我们没什么可说的:"亚里士多德出生,思考,而后死去。"但我们说这样的人没有故事可能并不准确,严格的说法是,这是一个故事很贫乏或平淡的人,因为他的出生和死亡本身构成了一个故事最核心的环节。

要有一个故事,需要有两个最基本的要素,一是有"事件"发生,这是首要条件;二是有一个故事的行动者和讲述者,将这些事件组织起来,因为单纯事件的无序堆积不构成一个故事。例如,严格的编年历不能算一个故事。

我们首先来看"事件"。在德语中,"事件"和"发生"是同一个词"Ereignis",如果没有事件发生,就不可能有故事。但"事件"是一个非常深奥费解的现象。一台电脑,按照程序完成自检;一个机器人从事它被预定好的工作,这看起来有某种活动发生,但严格来说并不构成事件。一个人每天重复地吃饭、睡觉,这些活动本身也不构成真正的事件,正如人们所谓的"太平无事"。事件的本质特征是,它带有不可预料性,是人无法驾驭和支配之事,它构成"曲折和灾难",或者说,它是真正的"诞生"。在英文和法文中,事件和偶然性是同一个词。如果事件是我完全理解的透明之物,是我驾轻就熟的东西,那么我在经历或完成这些活动时,我就像在吃饭、睡觉,像每天见到别人说"你好""再见",我不过是在重复过去的自己,这里没有事件。同一的重复不构成事件。有的人每天重复着同样的事情,他自己也每天重复着过去的自己,今天的他和若干年后的他没有区别,"生活像镜面一样平静"。对于这样的人,我们可以说,他只是看起来活着,但实际上并没有活着,这样一眼能望到头的人生绝不是什么"幸福的生活",而意味着一场灾难和噩梦,因为他不是在经历人生,而是在完成一段机械的被预定的程序,起点和终点都被预定好。在科学中,起点和终点都预定好的叫作公式,公式没有时间,它不会像生命故事那样有一个开头、发展、转折和结束。

在某种意义上说,一个人生命的长短不应通过寿命的长短去衡量,而应该通过他所经历的事件及其所获得的经验多少去衡量。有的人在短短几年中有着如小说主角般丰富精彩的人生经历,他会感叹在这段时间里他仿佛过了一辈子;而有的人仿佛过着注水般的人生,他虽然活得很长,但却什么也没有"活过"。然而与此同时,吊诡的是,就像刘慈欣说的,没有事件发生又是人们所渴望的幸福生活,人们渴望安定而害怕变化和不可预料的事件,人们希望有安稳的工作,觉得平平淡淡的生活才是幸福。当我们听到另一个人讲他精彩历险的故事时,听众会羡慕地对他说:"我真羡慕你有这么精彩的经历,这才叫不枉此生呢!"而讲述者可能会回答说:"我可不想过这样的生活了,如果可以选择,我宁愿平淡安稳的生活。"人常常会觉得自己是"犯贱"的动物,在平淡时渴望刺激,要花钱坐过山车"找虐",坐过山车时又后悔得要死,巴不得赶紧下来。人对于事件的发生,就像初恋的少女等待情人,既害怕他不来,又害怕他乱来。

这种"既害怕他不来,又害怕他乱来"的两难状态,是"事件"和生命的本质特征。它在这里的具体表现就是:如果它是不可预料的事件，那么它对我来说就是一种创痛，一种否定，因而是我所厌恶的；但如果它以某种方式被我们所预料和把握了，那么它就不再是事件，于是生活又成为机械重复过去的噩梦。我们可以类比于修道小说中贵族历练下一代继承人的两难：如果让继承人真正去历练，去冒生命之险，那么他们可能会丧命，家族会失去未来，这是人们所厌恶的；但如果不让继承人真正冒生命之险，那么历练就失去了历练的意义，他们就不能真正成长为能肩负家族责任的人，这也是他们所厌恶的。这种两难其实也是每个活着的人都面临的两难。于是，生命的双重束缚就是：如果人要活着，就必须准备不再活着（随时准备去死）；如果他不愿去死，他就已经选择了死（以死的方式活着）。这类似于黑格尔的主奴辩证法：只有在斗争中敢于冒生命之险的人，才能成为主人。如果像我们前面说的，生命的经验就在于"历事"的经验，生命经验的多少取决于历事的多少，那么我们就必须说，生命的本质就在于冒险，珍惜热爱生命的真正意义就在于敢于拿生命去冒险。

再举两个例子来说明这种困境。因为这些例子本身也属于事件，具有事件的特征。一个困境是当代哲学家（德里达等）热衷讨论的"礼物"问题。我们知道，被给予的礼物属于事件，或者反过来说，任何事件都属于命运给予我们的"礼物"，因为事件之为事件的本质规定就在于，它是不可预料的、不可支配的，超出我的掌控的。命运给予或不给予我事件，我对此无从揣度。同样，礼物的特点就在于，我不能要求别人给我送礼，被要求的礼物只能叫乞求或朝贡，我只能被动地接受礼物，等待礼物的发生。赠礼的主动权在他人手中。礼物的两难在于：

礼物是不可能的可能性（如同生命是不可能的可能性），因为生活中的礼物本质上是交换（受礼和回礼），而交换摧毁了礼物。如果送礼的人知道自己在送礼，那么他就摧毁了礼物，因为它在赠予中获得了某种心理的回报或某种道德的优势。如果受礼的人知道自己接受了别人的礼物，那么他就感到自己亏欠了别人的人情，这种人情的亏欠感抵消了礼物，因为它预设了将来的人情偿还。所以德里达说，只有送礼的人不知道自己在赠予，而受礼的人也不知道自己被赠予的情况下，才存在真正的礼物，也就是说，只有在礼物不显现时，才有礼物；如果礼物显现，那么它就不再是礼物。因而归根到底不存在真正的礼物。礼物和事件都属于"绝对他者""事情本身"。我们知道，康德的"物自身/自在之物"（在人的认识之外的，不受人的认识污染的事物）是一个矛盾的概念，如果我们知道了这个事物，那么它就不是自在之物；而如果它是自在之物，那么我们就完全无法知道它。这就好比你想知道你的孩子在没有大人在场时的状态：如果你在场，那么你就看不到这种状态；而如果你不在场，那么你也无从得知他的状态。无论怎样，它对我们来说都是一个无。这个困难在列维纳斯那里再一次重复：如果我们能谈论一个绝对他者，那么它就不是绝对他者，因此如果有一个绝对他者，那么我们也不能谈论它，它对我们来说是一个无。

但非常奇特的是，我们的生命就是在这种两难"之间"实现这种不可能性，把不可能变为可能。例如，对于语言来说，必须有无法被语言所把握的事件（某种全新的经验或情感），否则我们的语言不会更新，而只是在重复自身中空转。但如果事件是令人震惊的,是语言无法表达和理解的,它就不是语言,对于语言来说它就是一个无;而如果事件能被语言把握,那么事件就不是事件,而已经是可被理解的语言——如果它可说,那么它就不是不可说,而如果它是不可说,那么我们也就无以言说。但奇特的是,我们人类的语言总是在不断尝试"表达无以言表之事"的过程中扩展它的边界,实现这一不可能性。例如,诗歌和哲学概念的创造就是语言在冒生命之险,以践行这种"为了活着,我必须敢于去死"。否则,语言就将脱离活生生的生命经验,从而在自我重复中枯死,成为死的语言。

另一个类似的困境是爱和宽恕。爱的难题是,如果你爱一个你爱的、值得爱之人,例如爱他的富有、美貌、聪明、善良、诚信,那么你并不是真正爱他,你是自爱:你是爱你所爱的、所欲望的对象;于是,如果谈到真正的爱,作为赠与和奉献的爱,就像人们说的"爱是无私奉献",那就意味着你要去爱一个不可爱、不值得爱之人。简言之,如果你爱他,那么你就不是真正爱他,你只有不爱他,才有可能真正爱他。宽恕的难题与之类似。如果你宽恕了一个值得宽恕的人,这个人承认错误、弥补亏欠并且请求你的宽恕,那么这并不是真正的宽恕,而是交换,真正的宽恕是宽恕那不可宽恕之人。换言之,只有在宽恕不可能的时候,宽恕才是可能的;正如只有在爱不可能的时候,爱才是可能的——爱和宽恕都是困难的,正如生命是困难的。

我们这里不想详细展开这些悖谬及其解决。但上述例子有助于我们揭示事件所具有的深奥而悖谬的性质。对于生命来说，如果没有对我们构成挑战的，不可理解、不可预料、不可支配的事件，那么生命就是虚无，而事件是生命的滋养。

我们平日里感觉到的生命和时间是平滑的，我们也渴望平滑（平平安安、顺顺利利），我们绝大多数人体会生命和时间如同体会一首熟悉优美的旋律，我们知道下一个变调在哪里，我们为中止符做好了准备。当我们醒来，我们睁开眼睛，我们知道自己会在熟悉的房间里，我们熟练地伸手拿过昨天放好的衣服，接过家人为我们准备的早餐，我们在一条顺滑的轨道上生活，为此我们觉得安心。就像胡塞尔对时间经验所描述的那样，我们的过去是稳固的可回忆的，我们的未来是不出预料而可以预期的。但我们常常忘了，生命平滑的轨道建立在事件的粗粝砂石的基础上。如果生命只是如此这般平滑，那么生命就是死亡——古人的话"生于忧患，死于安乐"在这里可以做另一种解读。我们常常忘了，生命的本质是过去会彻底消亡，并将落入不确定之中（就像《百年孤独》所描述的，人们需要一个女巫，为我们占卜过去），而未来是不可预料的，总会有惊喜或惊吓在等着我们。新冠肺炎疫情让很多人觉得这个世界很不确定，世事无常。其实，这种事件才代表了生命的底色。如果我们现在觉得生活是安稳顺利的，那是因为我们过去征服、踏平了这些事件，把它们变成可以理解和预料的事物。就像我们过去征服了雷公雷母的不可揣度的意志，把它变成了手机里可以预测的天气预报。事件是否构成一个事件，取决于遭遇它的人，对于一个婴儿，母亲的到来和离去都是巨大的不可揣度的事件，对于具有着更高科学水平的人类，新冠肺炎疫情也许并不构成一个事件，而是预料之中的发生。生命的意义就在于不断克服事件的过程。所以,我们必须拥抱偶然性和不确定性,它让我们的生命变成一场需要不断发起的战斗,我们必须拥抱痛苦,痛苦让我们感觉自己存在,因为去存在就意味着去经历痛苦。

如果我们克服了事件,我们就得到了故事。

为了有一个故事,而不只是杂乱事件的堆积,我们需要一个讲述者将事件组织观察起来,但讲述者为了要有一个可被讲述的故事,首先需要有用行动去书写故事的行动者。故事总是关于行动者的故事,因为需要有一个行动者去克服这些事件,把这些事件变成一连串相互关联的事件,用利科的话来说,把"一个事件接着一个事件"转变成"一个事件导致一个事件",使事件的单纯时间连接,转变为因果或动机的逻辑连接。例如,对于毫无主动行动能力的婴儿来说,他拥有的只是无数事件在他身上的接续发生,他无法成为故事的主人。婴儿或纯粹的享受者/受苦者只是事件的遭受者,而不是事件的发起者或筹划者。与之相反,成人在世界之中既是事件的遭受者,也是事件的发起者。成人既是自由的,也身处锁链之中,这是人之为人的基本处境。当人是事件的遭受者时,它意味着人"被抛"到世界之中,我们所面对的一切都是我们不得不承担和面对的东西,我们无法对此加以选择。

"出生"在两个意义上是典型的事件、卓越的事件:首先,出生意味着彻底的偶然性。我们无法选择出生或者不出生,也无法选择在这里或那里出生,出生在怎样的环境,怎样的家庭和时代中,我们不得不"承受"和"承担起"这个被强加于我的命运。有的人一出生就意味着要身负国恨家仇，就像哈姆雷特说："唉，这是一个混乱颠倒的时代，倒霉的我却要负起重整乾坤的责任！"有的人一出生就是家族事业的继承人，注定被绑在这辆家族事业的马车上。列维纳斯用一个词来形容人的特征：人是"人质"，人总是他人的人质，他被冠以一个并非自己取的名字，他需要回应他人的呼唤和要求，承担并非他主动选择的使命。在这里，与其说"人生而自由"，不如说"人生而为人质"。其次，出生意味着一个新的个体诞生，意味着给既有的世界增加一个变量，一个自由的变量。因为人之于世界，不是一个不变的常量，而是一个能动的变量，人将通过出生而变为一个施动者，一个独立开启事件序列的主体，因此，一个全新个体的诞生同时给这个世界带来了更大的偶然性和事件性。如果一个主体是纯粹主动的行动者，而不是被动的遭受者，这将意味着它是它所造的宇宙的唯一的神，在这样的世界中，没有事件和故事，而只有神的纯粹的思想和话语："上帝说，要有光，于是就有了光。"

正是这种自由和能筹划与行动的能力，将事件转变为了故事。纯粹遭受着或者说享受着的婴儿，当他学会了做事，即学会了劳动，学会了"为了……而做……"的筹划时，他就成为行动者。这意味着，他能够理解他的处境，理解发生在他身上的那些事件及其对他的意义，并且在此基础上做出选择和决断，展开行动和应对。遭受的事件（曲折、意外）和克服事件的行动能力（行动者的欲望和意义追求）就成为两股相互对抗的力量，一切故事都是在这两种相反力量的较量中展开，就如同一个划船的人在命运的惊涛骇浪中前行。有时，被动的事件占据上风，故事呈现出宿命和悲剧的特征；有时，行动者克服了一切阻碍，顺利到达目标，于是故事呈现为英雄的史诗特征。但更多时候，是两者共同起作用，相互影响，使故事呈现为令人唏嘘的既不可预料又合乎情理的特征。

如果说行动能够将事件的"一个事件接着一个事件"转变为故事的"一个事件导致一个事件"，那是因为行动具有实践的前理解结构，行动有它的动机、手段和目标，行动的动机和目标为行动赋予了"为了……"的结构，这使不同事件之间建立起了逻辑的关联。奠基于过去的"动机"和指向未来的"筹划"引导了当下的"行动"，因此通过这种实践的、操心的劳作，物理的运动变成了人的行动，物理的时间变成了人的时间，即故事的时间。阿伦特把劳动和工作（制作）与行动区分开来的标准是可疑的，毋宁说劳动、工作也是行动，是最基础的行动，因为它们也都是复数的，也都需要面对不可预料之事。制作一件家具并非完全支配的行为，而是木料和工具规定了制作，并使制作成为对物的顺应和呈现。

此外，人不仅是故事的主人公、创造者或书写者，人也是自己故事的讲述者和阅读者。对于讲述者来说，行动者所展开的故事又变成了有待剪裁的事件。也就是说，对于用语言讲述的故事来说，用行动所创造的故事不过是语言讲述故事的素材（材料的堆积、事件的堆积），因为语言讲述的故事更凝聚、更透明，呈现出更清晰的含义和更明确的逻辑关系，而行动创造的故事（实际历史）则更加散乱、复杂和差异化。与语言相比，行动是含混的、晦涩的、多义的。一个将军在战场上的一个念头，决定了整场战争乃至历史的进程，但没有人知道当时发生了什么，没有人知道为什么会有孤注一掷的冒险，甚至将军本人也不知道。每个手势、表情、动作都不像活生生的讲话，而是具有复杂的含义，如同蒙娜丽莎的微笑。这些手势和动作与其说是思维的表达，不如说是存在。这就给讲述提供了丰富的诠释空间。历史本身是沉默的，它不会讲话，是讲述者让历史开口说话。

因此，讲述的故事是对行动的故事的再创作，以把意义不明的故事理解为富含教诲的故事。对于行动来说，讲述是对它的反思，就像思维是对存在的反思。当我们行动时，我们的动机常常十分复杂，我们的行为常常没有一个明确的目的，它是无意识的。而一个事件的意义，往往只有在事件的终结处，才能够呈现出来，因此随着时间和视角的变化，同一个事件体现出不同的意义。这就使得行动创造的历史可以被讲述为不同的故事，并且总是有重新被讲述的可能性。讲述使我们的行动意义变得清晰起来，使我们能对自己获得更明确的理解，讲述自己的过程，就是理解自己的过程。这也就是为什么，对于普通人和神经症患者来说，叙事都是一种有效的治疗手段。它帮助人们把不可理解和不可承受的事件碎片转换成一个融贯和可接受的故事，从而为我们的生活赋予一个意义，因为成为一个故事就意味着趋向一个意义。就像《罗生门》那样，同一个事件总是可以以不同的方式被讲述，并且通过不同的理解而被赋予不同的意义。因此，对过去事件的不同理解和讲述，将为我们开创新的故事篇章提供动力和可能性。例如，今天的日本对于"二战"，就存在三类常见的故事模型：受害者叙事（日本是受害者，展示民众的战争苦难和原子弹轰炸事件）、施害者叙事（日本是侵略者，给亚洲人民带来深重的苦难）、英雄叙事（日本经过"二战"浴火重生，"二战"为今日日本的繁荣和民族精神的塑造奠定了基础）。这三类叙事都是对历史事件的某种组织、整理，从而从中提炼出某种意义，而这些不同的讲述方式，又将今天的日本民族引向不同的命运和未来。

这里我们总是受到两种边界的约束。一方面，故事总是可以被重新讲述，历史总是可以以不同的方式被重新激活，没有一个唯一的故事，行动不会被讲述和反思所耗尽。就像梅洛庞蒂的名言说的，反思总是意味着彻底反思的不可能性；另一方面，故事又总是受到事件本身的约束，讲述不能是任意的，历史故事受到真实发生事件的约束，虚构故事受到内在逻辑的约束。

最后，人不仅是故事的讲述者，同时还是故事的读者。人在生活中，不仅阅读自己的故事，也阅读别人的故事，不仅阅读真实的故事，也阅读虚构的故事。在阅读中，人调用自己的经验去阅读别人的故事，同时也在别人的故事中认出了自己的生活。这种被讲述的故事和正在开展的行动相互映照，既改变了行动的轨迹，又赋予了讲述以力量。一方面，通过阅读行为，被书写的故事成为对现实的凝聚和提炼；另一方面，这些故事又重新返回到现实，对现实施加了某种反作用，即帮助我们重新定向了我们的行动，拓展了理解生活和展开行动的更多可能性。

阅读一个故事，就是接受它的暗示和引导，帮助我们以新的眼光去看待世界。例如，一个用梦想的叙事来理解和引导自己生活的人，会把这个梦想的故事变成现实。传记在青少年的成长历程中具有典范的意义,就在于它有助于行动者有意识去创造一个属于自己的故事。在某种意义上,对故事的阅读就像人行动的营养补给站和中转驿站,就像利科说的,我们的行为通过阅读而被"重新塑形"。在这里,特别重要的就是小说戏剧等虚构叙事的重要意义,因为它们像生活的意义实验室和道德实验室,揭示了生命更普遍、更富有逻辑性的本质,因而特别深化了我们对生活的理解。

在所有被行动创造、被语言讲述和被读者阅读的故事中,都有两个极端:一个极端是离散的事件堆积和编年时间,就像一部传记被退化为附录中的年表。编年时间本质上是宇宙时间(它严格来说是非人的时间,即非时间)。当然,严格来说,我们今天接触的编年时间已经是属人的时间,即故事的时间。例如,公年纪时(公元某某年)有关耶稣诞生的故事、有关西方对自身历史的故事讲述,蕴含了进步论和历史终结论的视域。中国古代的年号纪时,有关每个王朝自身的故事,蕴含了循环交替的历史视域。但我们可以假设或想象一种完全非人的时间,对于纯粹非人的时间来说,有机整体的故事退化为事件的机械堆积;另一个极端是逻辑的非时间,它将动机的"为了……"推进到"因为……所以"的纯粹因果规律之上(就好像人被彻底洞察而成为无自由意志的程序),从而将所有时间收束到一个点上,如黑格尔的"绝对精神"那样的点上,因而也是非时间。对事件的彻底征服(假如有可能的话),所获得的不是故事,而是理念、绝对精神或一道公式。例如,我们知道,物理学没有时间,因为物理学最终呈现为一个无时间的公式;又例如，在有些蹩脚的故事那里，故事成为对一个无时间的永恒观念或"中心思想"的单纯图解，因而故事完全被收束为理念，故事成为道德说教，成为理念的不必要的幌子。

在这两个极端那里，都没有故事。但现实的故事，又总是由这两个并非故事的极端所驱动着：一个是无时间的故事之"事件"，一个是无时间的故事之"意义"。如果活着没有事件，那么生命是一个虚无；如果活着没有趋向某个意义，那么生命也是虚无。有些好的故事像一个复杂和深邃的寓言，它找不到一个明确的意义、一个明确的主题，但又有着不可穷尽的意义，如同沉默的历史本身；也有些好故事更加透明，它有着一个明确的主题和发人深省的意义，但故事又没有被这个意义所穷尽。

人们经常谈到黑格尔说的"历史与逻辑的统一"，但如果故事要保持为故事，那么毋宁说只有"历史与逻辑的张力"，而没有两者的统一。因为如果历史与逻辑完全统一，那么就没有历史，而只有逻辑，历史不过是逻辑的影子或展开。我们经常会读到两种历史书，一种历史书讲述了一个非常完整和精彩的故事，使历史变得如水晶般透明，其中，不同历史阶段和历史事件的因果关系和逻辑展开严丝合缝。这种写作者对历史具有强大的洞察力和统摄力，但同时也对历史施加了某种暴力，掩盖了事件的多样性和无限丰富性。例如，黑格尔的《哲学史讲演录》就是这样的一部故事书。另一种历史书看起来更像历史考据家撰写的，它缺乏足够的理解事件的能力，因而无助于我们把握历史的逻辑进程，但它更忠于事件本身，因而充分揭示了历史的不同面貌，对我们而言更接近一部"信史"，为我们诠释它提供了不同的可能性。

有朝一日，我们也许可以想象，科学发展到对宇宙有透彻的理解，使宇宙的运转变成一道可被理解的公式，那时，宇宙中就不再有故事，更不会有事件，而只有因果逻辑。也许有一天，我们能够达到对人自身、历史和社会发展的透彻把握，那时，人对于自己而言不再是有自由意志的行动者，而是生命体规律的外显，历史和社会发展成为规律的链条，如果这样，也不会有故事，更不会有事件，而只有必然性。那时，事件和故事都将变成刘慈欣所说的绝对光滑的镜面。但是，只要人是有限的存在者，只要人的理性有其限度，那么我们就必须说：并没有什么科学，一切不过是故事；并没有什么哲学，而只有历史。

对于我们每个个体来说，我们需要去面对无数不可预料的事件，并且在理解和克服它们的过程中活出生命的意义，或者说创造自己生命的意义。从事件和故事的角度看，去问"生命的意义是什么？"，询问的起始点就错了。不，生命没有意义。造物主让你存在不是用你去道德说教，用你去展示某个意义。或者说，只有生命没有意义，生命才有意义；如果生命有意义，那么生命就没有意义，因为它会让你的生命变成该意义的附庸或重复性证明。我们总是需要在创造和书写自己故事的过程中，去为自己的生命赋予意义。

如果已经书写完自己的故事，那么，让别人去讲述它吧。

语言：内与外

人们通常以为，语言是人的工具，用语言去做事情（例如去动员，去下命令），就好像是用工具去劳动，而多学会一门语言，就是多掌握一种工具。这种理解有失狭隘，我们毋宁可以说，语言是与我们的生命连接在一起的，它不仅构成了我们的思想和灵魂，而且构成了我们所生活的世界。当我们脱离自己的母语生活环境，被迫用一种不熟练的外语说话时，我们就能深切体会到这一点：我们像是离开了水的鱼。

固然，如果你看到了狗，你既可以用"狗"来表述它，也可以用"dog"来表述它，两者可以相互替换，好像不会受什么影响。但深究下去，其实不然，因为"狗"和"dog"在不同语言里面代表的实际生命经验是大相径庭的，在汉语中，"狗"唤起的意象完全不同于英语中"dog"的意象，前者常常带有卑劣、可耻的色彩，后者则意味着温顺可爱。近年来，由于西方宠物文化和生活方式在国内的日渐盛行，使"狗"的意象也逐渐发生了变化——这依然印证了维特根斯坦关于"语言植根于生活形式"的说法。

在每一个语词中，我们都可以看出两种东西，一种是抽象含义、符号的所指,一种是它所相关的形象、意象等"自然性"或"物性"。前者是纯粹的任意约定,作为含义,它是普遍的,可以相互替换的。这表现为在词典上,每个词我们都可以给它一个解释,即可以用另一些词来代替该词的词义。既可以用相同的语言进行同义替换解释,也可以用其他语言进行替换解释。按其本质,这种作为抽象含义的语言,乃是logos(逻各斯、逻辑、理性)。在这个意义上,语言就是工具,它总是趋向于"单义",或者说它要求具有清晰、明确、透明的含义。它力图从生活中脱离出来,摆脱日常语言的含糊多义,变成严格的科学语言或理想语言(人工语言)。莱布尼茨就曾梦想过这种语言,他痛感自然语言的模糊歧义所带来的不便,因而设想一种透明的普遍语言,有了它,如果人们有争论,那么拿起笔来演算一遍即可。

后者则是语词所关联的实际经验,是语言中不透明的"物性""自然性",在这个意义上,语言就是世界,当我们用语言去言说物时,仿佛把物带到了语言之中,而当我们感受语言时,我们仿佛在触摸世界,这些语词仿佛具有了自然物一般的质感。例如,当我们唤起"狗"的意象时,这些意象就是除了可以和"dog"替换的含义之外的不透明性。所以,有时候我们也说,我们可以反复地咀嚼语言(例如在吟诵诗歌时)。作为形象、意象维度的语言是不可替换的、不可译的,同时也是含糊歧义的。这种含糊歧义包含至少三个方面的意思:第一,它没有明确的含义,其含义界限是模糊不清的,用维特根斯坦的话来说,每个概念都有一个模糊的晕圈;第二,它的含义是不断发生变化的,随着人们生活经验的变化,随着重要语言作品使用该语词时所附加的改变，它的含义也在不断改变，而且每个人自身生活经验的不同，对词语所唤起的主观情感意象也不同；第三，语词作为它所包含或代表的感性自然物，具有"无含义"的一面。"天地有大美而不言"，物是沉默的，大自然是沉默的，代替物出场的语词也具有沉默的一面，这种沉默的无意义同时也意味着无限的多义，即感性语词（例如"血""土地"这样的词）没有明晰的含义，而是沉入晦暗之中，这个晦暗之地，恰恰又是含义由之生长出来的地方。用比喻的方式说，抽象的含义像明亮的天空，而晦暗的意象像黑暗的大地，严格而言，每个语词自身都是明亮天空和晦暗大地的合体：因为有明亮天空，所以语词才开口说话，具有含义；因为有晦暗大地，所以语词才不是贫乏而是丰富的。

越是感性的语词，越唤起不透明的意象，越趋向于语言中物性一面。意象和形象作为图像，本身乃是物，而物或图像是"溢出"语言的。所谓"一图胜千言"，意味着图像不能被语言（含义）所穷尽，它具有无限丰富的含义。隐喻的语言无限接近于图像，而专名（如"马克思"）则无限接近于物，因为专名没有"定义"，即没有"含义"，它只是"命名"对象，这意味着，它以一种囫囵吞枣的方式，将物包含在了自身之中。而例如"存在"这样的通名，则具有明确的含义，它把自然物提升到了抽象思维的高度。按照尼采的隐喻，那作为隐喻或感性维度的语言，类似于印有花纹和题铭的银币，它具有特定的价值，并且只能在特定的地区流通，而作为概念或含义维度的语言，则是被磨损了的、死的隐喻，或者说是被用旧磨损了的银币,它现在不再具有特定价值,而是成为通用的金属银。尼采说,"真理是一个人们已经忘了它们是幻觉的幻觉;是破损得不能再用的隐喻(它已经变得无力影响感觉);是它们的正面图像被磨去并且现在不再有面值的、不过是金属的银币"。

例如,我们从诗歌中随便找个例子,以体会语言中隐喻或意象的物性维度。如果我们在日常交往中说一句话"铁丝上晾着衣裳,如果下雨了记得收",那么,这句话里的语词,在交往中往往单纯充当了工具/含义的功能。但假如它出现在诗歌中,那么语词背后的物性/意象就呈现出来了,它带有丰富且不可言传的内容,诗句里面的所有词都具有不可替代性。试读:

> 很多年,箱子里锁着一块毛呢衣料　镜子里他默默无言
> 很多年　靠着一堵旧墙把新杂志翻翻
> 很多年　送信的没有来　铁丝上晾着衣裳
> 很多年　人一个个走过　城建局翻修路面
> 很多年　有人在半夜敲门　忽然从梦中惊醒
> 很多年　院坝中积满黄水　门背后缩着一把布伞
> 很多年　说是要到火车站去　说是明天
> 很多年　鸽哨在高蓝的天上飞过　有人回到故乡

于坚,"作品第52号"

在诗句空旷、泛黄而又寂寥的语境中,"箱子""铁丝""鸽哨"仿佛才第一次呈现出它的质感,并带出了铁丝的被附加的

某种特殊意味，它不再是符号，而同时也是意象之物，如同海子说万里无云的天空象征着永恒的悲伤，如同周云蓬说木头带有一种时间和时间中的悔意。伽达默尔说："语词并非仅仅是符号。在某种较难把握的意义上，语词几乎就是一种类似摹本的东西。"这个摹本，模仿的就是自然、事物，它与之相似。我们知道，隐喻的本质就是相似性。但相似性的关键不在于本义和隐喻义之间的相似，例如把"孩子"比作"花朵"，而在于把符号逻辑的"A是B"变成了形象思维的"A像B"，此时A和B之间既是又不是。"像"的隐喻逻辑比"是"的符号逻辑更原初，后者是从前者那里抽象出来的。有时，我们也把在自身中凝结了意象或影像的语词称作"象征"。作为象征物的词语不是单义透明的含义载体，而是如同神秘的多面体的矿石。它凝结着不同侧面的含义，折射着远古的幽深的空间。我们知道，西方的语言是"表意语言"，而中国的汉语是"象形文字"，这已经表明了西方语言和思维的逻各斯（理性）特征，它们的语言和思维是偏符号和逻辑的，而中国的象形文字则携带了更多不透明的形象因素，因而更适合作为诗性的语言。

概念、符号含义、科学术语乃是一种抽象的操作，是对日常语言用法的固定化和抽象，使它的界定变得明晰和单义。但把这种语言当作理想语言的看法有一个错误的预设，即它认为世界原本是纯粹理性的、井井有条的，每个事物都有一个明确的界定，并且可以对应于一个清晰的概念。因此，科学式的概念能够避免人为的混淆，帮助我们更清晰地思考，避免各种误解和夹杂不清。概念模糊不清，会导致思维的模糊不清，同时也导致不同人之间的理性对话不再可能。所以，学会严格地界定和使用概念，是从事学术工作的入门功夫。正是基于这样的预设，柏拉图才会把玩弄修辞术的智者视作扰乱真理的罪人，把修辞视作妨碍真理探究的可有可无的装饰——但诡异的是，恰恰是柏拉图自己又是最擅长使用隐喻修辞的人。

然而重要的是要记住，科学语言乃是奠基于日常语言，因为世界最初不是由一个个界定明确的对象（存在者）构成，而是它自身是沉默的混沌，模糊、多义是世界的本来面目，而概念只是我们对它的一种抽象，是用于理解、把握和操纵它们的一种手段。当我们面对着复杂混沌的世界时，我们所使用的模糊多义的自然语言，才恰恰是更准确、更严格的语言，自然语言才为我们建造了适于我们生活的世界和家园，而科学语言是对这个世界的一种漫画化，它只是人为了特定目的而锻造的一种工具，科学语言既不能完全摆脱日常语言，而且还总是需要返回到日常语言中去。

认为在世界上先有界定明晰的对象（A=A 的存在者），然后我们再用概念按部就班地去表述它们，这种看法会衍生出另一种谬误，即以为我们总是脑海中先有一个想法或意义，然后再为它寻找一个语词，就像我们给已有的含义内容寻找一件外衣或一个身体。例如，我们有时候会说，这个人很有思想，只是不善于言说，"茶壶煮饺子——倒不出来"。有时候，我们感觉明明已经有一个思想，但却好像找不到一个合适的词去表达它。但上述说法是错误的，如果我们排除胆怯害羞等心理因素，那么说一个人有思想但说不出来，等于是说他其实并没有思想；如果你有一个想法，但还没找到合适的词，这意味着你并没有一个明确的想法，顶多是有一种预感——除非是你曾经有语词,现在忘记了它。为模糊的想法寻找语词的过程,同时是使思想本身明晰起来的过程,或者说就是思想诞生的过程,而不是先有思想而后再给思想找一个肉身。

因此,我们也会说,任何语言严格来说都是不可译的,因为改变它的表达不可能不改变它的内在含义,就像改变一个人的身体不可能不改变他的灵魂。"狗"所具有的全部意义,只能在"狗"这个词中,而不可能在"dog"这个词中。"君子"这个词的全部意义,也只能在"君子"中,而不可能在"gentleman"中。我们假设有个艺术家有一个模糊的情感或想法(狄奥尼索斯的力量在推动),但他始终找不到一个合适的表达,直到有一天,他突然找到了一些恰当的词或恰当的形象(它的阿波罗),于是他的想法或观念终于在这一瞬间成形了,他创作出了一个作品。在这个意义上,"言说"就是创造,为思想寻找一个表达,完成的就是一个"创世"的工作:言说它,同时就是"令它存在"。我们经常在文学家那里有这样的体验:他们用语词让我们看到了那从未被我们看到过的东西。

在这个过程中,经验总是语词的,没有语词就没有经验,反之,没有经验也就没有语词。经验如何寻找自己的语词?严格来说,它不是在寻找,而是在创造。因为,假如这是一个未被命名的原创经验,那它如何可能用旧的语词传达呢?一种创造的方法是科学和哲学经常做的,就是创造一个新的术语、新的概念,来表达这种闻所未闻的新对象,例如,我们今天熟知的"细胞""原子""情结""异化"等词,就是新的概念创造。另一种创造的方法是旧词新用,在特定语境中去赋予它新的意义，诗人是这里的典型代表。为什么有限的语言（词典意义）能表述无限丰富的经验？因为决定一个语词的具体含义的，一方面是该词的约定俗成的词典意义；另一方面则是它的语境，语境对词义有规定作用，它使得每个词在不同语境中可以表达近乎无限差异的意义。所以，在翻译学术著作时，人们常常会发现一个好的语言学者，不一定能翻译好一部学术著作，因为他只是很好地把握了词语通行的意义（词典义），而没有能力在语境的规定下去确定该词在被使用时的特定意义。所以，"语言仅仅在于它的使用中"。语言的更新得以实现依靠了共同经验的更新，在语词和世界接触的最边缘地带，有科学家和诗人的工作。科学家将他们创造的科学概念成果转交给我们的日常生活和日常语言，丰富了我们对世界的理解。必须承认，我们今天看世界的眼光，很大部分是现代科学给我们的，我们生活在一个科学的世界中。诗人的主要做法则是更新语词的意义。如果说日常语言总是在磨损消耗语词，那么诗人则是重新擦亮它，而诗人之所以能做到这一点，依靠的是改变它的日常用法，赋予它新的语境，在这种有违日常甚至有违语法的特殊语境中，使语词焕发出新的可能性。

由此，我们就理解了伽达默尔那句话的意义："能被理解的存在就是语言。"这就是说，语言和世界的边界同样宽广，或者说语言和经验同样宽广。那不能被语言表述的经验并非不存在，而是说它不向我们"显现"。所以人们也说，学习一门新语言，就是增加一种新的看世界的眼光，或者不如说，使用不同语言的人，乃是生活在不同的世界之中，因为是语言为我们构建起我们的全部经验，构建起我们生活于其中的世界。但这并不是说，我们人被困在语言的牢笼中，因为语言在不断更新，语言的更新和我们经验的更新乃是同一过程。如今网络时代带来的越来越快的造词运动已经表明了这点。

同时，这也不是说，在语言之外什么都没有，好像那无以名状、无以言表的经验实际上并不存在。关于"无以言表"的经验，实际上可以区分为两种情形：一种是可被语言表述，但却未充分展开的经验，这种经验本质上已经是语言的，或者说是与语言同质的，只是没有获得实显。例如，我今天看了一场电影，看完后有一种无以名状的感动，五味杂陈。此时我的这种经验未必是非语言的，它往往只是没有展开为语言而已。假如我写一篇读后感，将这种感受表达出来，那么就使这种潜在的语言经验实现了出来。在这里并没有"异质性"的转换，而只有潜在到实现的转换——除非我的欣赏活动本身构成了艺术原创造。我们可以将之类比于从"前意识"到"意识"的转换过程。意识就是被语言化了的经验，而前意识则是语言的潜在形态，意识和前意识之间具有同质性。另一种"无以言表"是尚未获得语言表达，因而实际上未向我们显现的"经验"，我们可以将之类比为"无意识"。无意识从不向我们显现，我们只是拥有它在意识中造成的效应或症状。除非我们能够克服这些无意识或无语言的经验，无意识才向我们显现，或者说我们才"令之存在"。因此，"能被理解的存在就是语言"的另一层意思就是，"在语言之外的是尚未被理解的存在"。同时，考虑到语言所携带的不透明的"物性"维度，我们也必须注意，那被带到语言中的，从来就不是完全被理解了的，毋宁说我们总是对它们有待加深理解，因此，这句话还可以被改写为"具有不被完全理解之可能的语言就是存在"。

现在我们来进一步思考，那在语言之外且使语言得以可能的东西是什么？首先，它是对我们产生刺激和影响，但我们又无法理解的东西，用德勒兹的话来说，它是感觉的暴力，是一种暴力的不一致性，胡塞尔用的术语是"触发力"和"凸显"。对于一个初生的婴儿来说，在他拥有语言和拥有世界之前，他先是受到各种刺激，但这些刺激还不具有意义，不具有一致性，尚不能被称为"经验"，即这些刺激是绝对的差异和绝对的不一致。但是，这些刺激也并不是完全无序的，即不是绝对的混沌，相反其中可以整理出一定的相似性法则。例如，当婴儿在牙牙学语时，他就会不断被教导，用一个语词来命名某些一致、相似的刺激簇。例如将药的味道称之为"苦"，将摔跤后的感觉称之为"痛"，将有四条腿的用来坐的东西称之为"凳子"，等等。于是，他能够从中认出一个"对象"，并且给这个对象冠以语词。用现象学的术语来说，这些感觉刺激被知性"统摄"或"立义"为某个含义。也就是说，在语言经验之后，我们的感觉才是某种安静的直观填充的"材料"（人们往往对它熟视无睹），但在语言经验之前，这些感觉绝不是填充材料，而是一种对我们起作用的他异性力量，它冲击着我们的既有眼光或视域——康德和胡塞尔都在这里犯了致命的错误。只是经过这一整理或统摄过程后，绝对差异的感觉刺激才被理解为伴随着语言的经验，使婴儿之后能够一再地认出它。

当婴儿基本掌握了日常语言，他就逐渐理解了这个他所生活于其中的世界，并且按照语言所教给他的方式去理解这个世界及其给予他的经验。在经验/语言之前,他只有无序的暴力刺激,"世界"对他而言只是混沌;在拥有经验/语言后,他开始看到一个井井有条的世界,乃至透明的世界。但是,在用语言去观看这个世界时,人依然总是会遇到令他震惊,令他茫然不知所措的东西,用通俗的话来说(但放在这里挺准确),那些"毁三观"的东西。这些东西就是对他来说在语言之外的东西。例如,当我们第一次接触某些伟大的著作或伟大的艺术,我们可能能体会到初生婴儿般的感受:我们仿佛看到一个全新的世界,这个世界的所有东西都是令我们震惊的,让我们耳目一新的,它摧毁了我们过去的语言经验。现在,我们要像初生婴儿一般在创作者(大人)的带领下,去重新学习和掌握这个新世界的语言。人们会有这样的体会,在短时间内,不能连续去看几部伟大的电影,或阅读几本伟大的著作,因为我们无法消受。震惊总是伴随着长时间的回味和消化,我们需要慢慢地去适应这种新语言和新世界。

其次,使语言得以可能的东西,除了外部的非语言的刺激之外,还有赖于主体自身的爱欲或者说欲望的力量,或者用尼采的话来说,有赖于人的征服的权力意志。当然,我们这里不讨论主体学习语言的生物学基础,例如大脑的内部构造,这些生物学基础使婴儿能学会语言,而动物(宠物)却学不会,或至少只能非常有限地学会。这种力量可以区分为两类:一类是主动的力量,我们可以将之概括为驱动语言"以言行事"的力量,即这时语言被用于行动、做事。但我们这里并非将"以言行事"对立于"以言表意"或"以言取效",毋宁说行事、表意和取效在某种意义上都是去行动。例如驱动语言的最重要力量之一是人的表达欲望，表达可以说是语言最基本也最原始的驱动力。在这个原始的意义上，人的语言和动物的叫声没有根本的区别，此即所谓的"言为心声"。但语言赋予了我们的精神世界无比丰富的形式，使我们的表达变得十分精细，而表达的精细又进一步塑造了思维的复杂性。劳动、艺术、科学等都促进了我们的表达，同时也构成了我们表达的产物。语言可以被看作是阿波罗精神的代表，即人的狄奥尼索斯之力的外化和呈现，是它的灰烬和死的沉淀物。

另一类是被动的力量，我们可以称为与"行动"相对的"反思"的力量。这里所谓的"被动"，指语言成为我们受到外部刺激后的所采取的反应：我们试图用语言去接受它、整理它、把握它。"反"思就是典型的被动行为，是人的"反"应。当语言作为我们反思和理解的工具时，我们使用语言不是服务于我们的行动，而是服务于我们纯粹的、无功利的好奇心。语言是我们认识的工具，同时也是我们认识的结果。如果说文学是主动的爱欲驱动着语言的典型代表，那么科学-哲学就是被动的爱欲驱动语言的典型代表。例如，哲学最原始的驱动力就是对智慧的爱：比智慧更源始的、使智慧得以可能的，乃是对智慧的欲望。

人的所有活动都是欲望驱动的产物，语言也是。欲望或者作为主动力，以直接的方式在语言中表现出来，例如在抒情文学中，或者作为反应而以间接、压抑的方式表现出来，例如科学的"知识""真理"。科学认识并非是与欲望无关的客观知识，而是经过特殊处理的、派生的欲望形式——现代科学以"无功利"追求真理的方式，最大化地帮助现代人实现了欲望。

懂得用技术满足欲望的现代人，就像深得"延迟满足"精髓的孩子。根据弗洛伊德关于欲望的现实原则和快乐原则的区分，我们可以以说："以言行事"是欲望的"快乐原则"，它追求欲望的直接实现；而知识是欲望的"现实原则"，它把语言当作实现欲望的绕道的工具，以便更好地实现快乐原则。在这个意义上，我们也说，一切说话也都是做事，理论本身不过是实践的一种特殊形式。

由此，无论主动的意志力，还是被动的意志力，都是在语言背后推动着语言前进的东西。如果说语言是白天的法则，那么欲望就是黑夜的激情：语言使欲望成形，而欲望激活并驱动着语言。没有欲望，语言不能成其所是，而没有语言，欲望就是没有肉身的无，犹如婴儿单纯的哭声或动物单纯的叫声。如果不是有欲求，人们不会诉诸语言，不会想要去说话。因此，如果说人是逻各斯（会说话）的动物，那是因为人首先是充满欲望的动物，因为逻各斯/理性本身是绝对无力的，它不会自己前进。

所以，那些无欲无求、劝导我们约束和放弃欲望的思想，总是同时是劝导我们沉默的思想，例如道家和佛教。现代社会，人们欲望过剩的一个表征就是，人人都成为话痨。到处都充斥着语言的喧嚣，到处都是语言的过剩，这种表达欲甚至达到了为表达而表达的程度。人们不停地说，只是因为无所言说，或害怕沉默时的巨大空虚。

语言：可说与不可说

假如有一个人从外星那里得到一种可以吃的东西，它的味道和至今人们尝过的任何东西完全不同，那么他可能会将之命名为X（像"酸"或"麻"那样）。尽管这个语言符号目前只是一个私人设定，但如果他回忆这种感觉，同时通过回忆（尽管回忆的感觉已经不是原来的感觉了），那个被设定的东西（含义之物）仍然以同一的方式被规定，那么它就客观化了。他可以重复吃这种东西，虽然每次得到的感觉并不相同，但是它都没有超出那个X所设定的范围，因此，它是可以重复的。但是，每次重复要保持为那个同一的X，必须有记忆。否则我无法认出现在的感觉和原来的感觉是"一个感觉"。如果我这次有了这个感觉，且命名为X，然后我下次再吃这个东西，却得到另一个完全不同的感觉，那么我就根本认不出它来。就像康德说的，如果朱砂一会是重的，一会是轻的，没有任何同一性保持，那么就不会有朱砂。维特根斯坦说，如果只有我有这种私人感觉，并且只有我能一再"认出"这种感觉，那么我就不能说这种感觉是X，因为我无法保证我的记忆没有搞错。但是，假如我们所有人都可以尝到这种东西，并且能够对此有一种"形式"

上不同于以往任何感觉的感觉，那么他们就可以称之为 X，并且相互印证。

但是，必须指出，这并不假设他们的感觉是"同一个"感觉，而只能说他们使用的 X 具有一个公共的含义，而这个含义并不是感觉。维特根斯坦关于盒子里的甲虫的思想假设很好地说明了这点——顺便说，分析哲学的思想实验，和现象学自由想象的本质直观颇有异曲同工之处——如果我们每个人都有一个装着东西的盒子，且都只能看到自己的盒子里的东西而看不到别人的，这时，你看到盒子里有一个甲虫，你的朋友们也说他们的盒子里有甲虫。但这不代表我们的盒子里有一样的东西，它们即使是完全不一样的东西，也不妨碍他们都用"甲虫"去称呼它。

记忆所保证的同一性，乃是纯粹"形式"或"含义"的同一性，从内容本身上说，绝不会有两个完全同一的感觉，所以维特根斯坦说，语言并不是对感觉的直接指称定义，说这个感觉还是这个感觉，不同于说这个桌子还是这个桌子。假如我过去吃了一碗自己煮的面，味道极为独特美妙，以致记忆犹新，那么，我可以将之命名为 X 的味道，假如我偶然有一次重新吃到了这种味道，我马上能够认出：这就是 X 的味道。但是，无论如何，我两次吃的不是"同一个"味道，因此，这个相同味道的"相同"不是"直观内容"的相同，而是含义的相同——区别在于，当我们将之命名为 X 味道时，我们进行了康德所谓的"认同综合"的操作，即做了一个含义设定。胡塞尔认为感觉相同是直观内容的相同，而差别只是在于时间或地点的位置（一个感觉发生在这个时间地点，而另一个与之相同的感觉发生在另一个时间地点）。这是错误的。我们假设有一个新的味道范围，从"一级"一直到"十级"，那么我可能依次会说：有点像，但不是；就是这个味道，没错；不是这个味道；等等。毫无疑问，当我说：就是这个味道时，我绝不是说，它们的味道是完全等同的，差别仅仅在发生在不同的时间位置上，因为甚至我重新直观地回忆到的那个味道，也已经不是原来的味道了，原来的味道是不可企及的存在。当我表达这是同一个味道时，乃是在做一个语言"设定"，即一个含义设定：能被重复的只有含义。

所以私人语言不可能存在，而只有公共语言，但公共语言之所以可能以及能够更新，恰恰需要不同人的私人感觉的参与。然而，真正参与语言的私人感觉，并不是私人感觉本身，而是私人感觉的形式（含义）。假如有一个人，他的所有感觉都附带地蒙上了一种特殊的意味，就好像他一出生就戴了一副摘不下来的眼镜，那么尽管他的感觉与所有人都不同（我们看不到他的甲虫），也不妨碍他可以用自己的生命经验去参与语言的使用和创造——这意味着，他的感觉本身是怎样的并不重要，重要的是他的感觉的形式。但是，感觉经验本身不能参与语言，并不代表感觉不存在或不重要，尽管它如刹那般不可把捉、不可再历，但它却是活生生的生命本身。例如，我人生中第一次见到我的恋人，她给予我一种深刻的、难以忘怀的感受。这种感觉永不再现，无法言喻，但并非不重要。这种感受无法重现是因为过去的感受是在一个特定的心境中被给予的。我现在的回忆不能复现它，因为那个独一无二的心境消失了，只剩下一种模糊的指引，诸如：我还记得当时被深深震撼的情形，但我完全不能重复这段感受。即使我重新看这个电影，我也找不回这个感受，反而会为当时为何被如此震撼而感到疑惑，因为在所有冲击来临之前，它都已经在预想中被预示了，因而冲击减少了它的力量。正所谓"此情可待成追忆，只是当时已惘然"。

这既不是如胡塞尔所说的，整个重新"当下化"（回忆）都是可重复的，能自由为我所用的，因为能回忆的只是抽象的含义、形式；这也不是如维特根斯坦说的，单个自我从重新回忆的感觉中无法建立任何东西，而是语言要以私人感觉为基础，尽管语言和私人感觉之间不存在直接指称关系。在我们的生命经验中，那能够言说的，能够表达为含义和意义的，只能是能够一再重复的东西。所以维特根斯坦说："凡是不可说者，我们应该保持沉默。"而不能重复的东西，它并非不重要，并非是被提炼了意义后剩下的无意义残渣，而是更加珍贵的东西，沉默不语的东西。

因为，正是那不可见者，使可见者得以被看见；正是那沉默者，使可以言说者得以言说；正是那秘密者，使公开者得以公开。

对话与倾听

　　对话是一件极其司空见惯的事情，但又可以说是一件很罕见、很难得的事情。我们总是不断地在听和在说，但我们并不总有机会遇到恰当的嘴巴和恰当的耳朵。为何？因为真正的对话是一场历险，你不知道对话能给你带来什么，对话者所谈出的东西，也常常不是对话双方原本有的东西，而是某种当场发生的东西。

　　这种对话不同于苏格拉底的助产式谈话。柏拉图说，苏格拉底的谈话是对思想的接生，通过发问者的接生过程，被询问者自己分娩了思想。尽管苏格拉底声称自己是无知的，他和被询问者一样对什么是正义、什么是美一无所知，好像只是通过诘问的过程，才孕生出新的思想。但问题在于，懂得怎么去提问，已经蕴含了知识，而且是所有知识中最重要的知识，所以很多时候，苏格拉底只是佯装无知。例如，他通过诘问童奴而让对方自己得出了勾股定理，是因为他的每次提问，都给出了认识探究中最关键的方向。大部分时候，是苏格拉底主导了谈话，他只是以佯称无知的方式在启发式教学。真正的对话与其说是接生，毋宁说是交合与受孕，它不是让被诘问者潜在已经具有的东西实现出来,而是在创造出全新的东西。

同时,这种对话也不同于孔子式的谈话。孔子的谈话本质上是教导,这里也没有真正的对话发生,而只是一方对另一方的给予,因此这里缺乏对话所要求的"对抗性"。真正的对话也不是一方给予另一方,然后另一方反过来回馈对方,因为这将使对话变成了交换和信息共享:你把你知道的告诉对方,对方把他知道的告诉你,这样双方就都增加了知识。相反,真正的对话是双方的思想发生碰撞和对话,从而激发出另一种新思想。但孔子式谈话又不同于柏拉图以后的西方独白理性。在专著的独白中,人们构造思想不再采取对话的伪装形式,而是采取了以一己之力构建体系的方式。此时人们意识到,真理不是对话,有对话意味着还不是真理。而在孔子那里,对话的奇特在于,孔子通过对话是要对弟子有所教诲,但孔子又并没有什么现成的东西可教。假如他认为自己有现成可教的真理,他就应该撰写一部正典。当然,他有自己"一以贯之"的东西,但这种东西恰恰通过与弟子的问答,借此呈现出完全不同的可能性(此所谓"体用不二")。就此,我们也可以说,在孔子的谈话中,也有真正的创造和发生,因为弟子的问题激发了孔子对自己思想的运用和表述。孔子式对话的特殊之处在于,对话不是通向理论形式的真理,而是通向实践。

但这里所谓的"真正对话"乃是通向理论的真理。在伽达默尔被称为"对话辩证法"的哲学解释学中,真正的对话成为真理发生的典范形式。在这里,对话的本质乃是"对抗",而对抗意味着要有二元乃至多元的东西。希腊词"辩证法"原意就是指"对话的艺术",这个词的前缀"di-"的原意即是"二",

只是在后来,辩证法才越来越侧重于理性与事物、主体与对象之间的对抗和对话。而在早先作为对话艺术的辩证法中,对话首先指两个人之间的对话。因此,为了要让对话成为真正的对话,不能是任何一方主导谈话。伽达默尔说,谁如果试图主导谈话,谁就取消了谈话,因为他使对话变成了一方对另一方的说教。那么,真正主导谈话的是什么?是真理。假如在苏格拉底的谈话中存在真正的对话,那么严格来说,既不是诘问者苏格拉底在主导谈话,也不是被诘问者在主导谈话,而是真理在主导谈话,真理在引导和约束双方,让他们走上唯一真理的道路。假如有一方犯了错误,那么总是有另一方站起来,将他拉向正确的道路,而反对者的意见也是被对方所激发出来的意见,因为他可能事先从未想过这个问题,对话就是这种相互激发的过程,当他们通过谈话越来越深地思考他们之前没有思考过的东西时,他们就感觉谈话仿佛是一场被神灵引导的奇妙之旅。但这里其实并没有什么神灵,引导他们的不过是理性和逻辑的精神罢了。

于是,对话/辩证法最本质的一点在于,它是以取消对话为目的的对话,因为它致力于使对话成为单数的理性自身内部的对话,而这实际上是无对话。理性自身和自身没什么好谈的,一个神与另一个神也没什么好谈的,真正全知全能的神只能是单数。尽管对话的出发点是"二",但它朝向的终点却是"一"。当然,黑格尔后的对话者已经逐渐意识到,对于有限的有理性者来说,这个单数的"一"只是人永远趋向但达不到的理想极限,然而这并不妨碍他们把"一"看作是更高的,更值得追求的。

但我们可以进一步问,这个"二"是从哪里来的?为什么一个人和另一个人可以是对话者,为什么他们之间有话要说？设想有两台人工智能，那么在两台人工智能之间不会有对话，它们之间只可能有信息数据的交换或共享。"二"或者"多"源自未被公开者，源自秘密者，这种秘密使双方保持为不可共通，因而无法融合为一。如果说人与世界之间有对话，那是因为世界是一个保守秘密者，拿着量杯和仪器的科学家们试图在拷问式的对话中逼迫自然交待自身的秘密。如果说人与文本之间有对话，也是因为文本保守着秘密，它自身锁闭，等待阅读者向它提问，然后再从中去寻找答案。最后，如果说人与人之间有对话，是因为我们知道对方是一个拥有秘密者，每个人都是一个拥有身体的封闭单子。作为个体，人不仅拥有秘密，而且还拥有无限的秘密，我们也把人称作"施动者"，因为人能无限地给出。只要人活着，他就会有新的感受、新的行动、新的思想。所以，列维纳斯很奇特地把每个人称作彼此分离的"形而上学者"。此外，人不仅对于他人是秘密，人甚至对于自身也是秘密。尼采曾经谈到过人身上这种既司空见惯又不同寻常的情形：人对于自身是秘密，身体对于意识是秘密，"在一个自负而爱幻想的意识中，自然不是向它掩藏了大部分的事情吗，甚至在它的身体上，为了使它远离肠道的皱襞、它血液的快速流动、纤维的复杂颤动？"因为在人身上有他自己也不了解的秘密，所以人们需要对话。对话就是引入理性之光，去照亮那不可见的秘密。

但是，为什么要走向"一"，而不停留于"多"？甚至，为什么只是从"多"走向"一"，而不是从"一"走向"多"？在人类这种走向"一"的执著中，不是有一种建立语言巴别塔（通天塔）的愿望？因此，与伽达默尔主张活生生的对话、趋向"一"的对话不同,德里达主张的是生者与死者之间的对话,他对伽达默尔在世时发出的对话邀请表示拒绝,因为他知道这种对话总是以走向理性的统一为目标,而宁愿在伽达默尔去世后才开始与他对话,开始写文章回应他。这种生与死之间的无限对话,就是站在"多",对"一"保持警觉而为"多"保留位置。在德里达看来,"对话和友谊乃是某种'死后'才存在的东西",只有在活生生对话及其可能性中断后,真正的对话才能开始。在与死者伽达默尔对话的文本《公羊》中,德里达说:"我不知道是否我有权力不自以为是地谈论伽达默尔与我之间的对话。但如果可以的话,我将重复:这个对话一开始就是内在和阴森恐怖的。"一切活生生的对话已经是生与死的对话,这让我们联想到列维纳斯关于一切解释都是"缺席审判"的观点。在活生生的对话中,假如我向另一个人提出质疑,或向他描述一件往事,对方可以起身为自己辩解,可以纠正或补充说,"我记得事情不是这样的……"但假如是生者与死者的对话,如德里达在海德堡大学演讲中向公众描述他与伽达默尔的交往,此时伽达默尔无法起身抗辩说,"我的理解不是这样……"表面上看是如此。但进一步说,那在场的活生生的我们又能如何抗辩呢?我们只能使用语言(活生生的话语、语音),而语言一旦说出,立刻就成为死的东西,成为一种任由对方解释的东西。当然,我们也可以进一步抗辩"我说的不是这个意思……"但不幸的是,进一步的抗辩也必须再次借助语言(死的东西、死的记忆),并且重新陷入之前的困境。因为归根到底,这里不存在两个活的灵魂的直接相通,对话只能借助死的东西来进行,因而死亡一开始就无可挽回地嵌入了生命深处。

活生生的话语和不会说话的文字在这里不存在根本的区别，它们实质上都是书写（死的记忆[hypomnēsis]）。这个书写的溢出，就是"多"所停留的位置，它总是给出别的可能性，所谓意义撒播和延异的可能性，因而拒绝了意义的统一。

我们可以补充一个例子。在孔子式的谈话中，我们就没有看到那种走向"一"的执念。在中国文明的"和而不同"的对话理念中，对话不一定是为了走向"一"，而是为了成全各自的"多"。这一点对于很多西方人来说可能难以理解。当美国国务卿蓬佩奥提出，美国的对华接触政策已经失败，因为在两国几十年的接触中，美国改造中国的努力已经趋于失败。这里令中国人觉得惊愕的是，为什么两国的对话必须走向中国服从美国的改造，这是一种怎样的傲慢？为什么中西方对话必须是以一方改造另一方，一方克服另一方为目标？可能的解释只能是，把世界视作趋向于"一"的进程，乃是西方理性的原始精神，是西方人意识中根深蒂固的东西。因为在这种理性看来，"一"是好的，"多"是不好的，"一"是正常的，"多"是不正常的。当人们把"多"称作是源于人的"有限性"时，"有限性"这个词已经意味着缺陷和不完满。而对于中国思想来说，神的彼岸并不是人的此岸生活的参照目标。

因此，在西方式的对话、辩证法式的对话中，缺少了倾听的精神。今天的人们往往热衷于滔滔不绝地说，却很少懂得倾听。倾听是很难的，倾听是一种艺术。今天人们很容易找到富有感染力的演说者，却可能在成百上千人中也找不到一个真正的善于倾听者。因为倾听不是简单的"听到"，庄子说："无听之以耳而听之以心，无听之以心而听之以气。"解释学家伽达默尔曾撰写过一篇文章《论倾听》，但是他在那里把倾听和理解等同起来：去倾听也就是去理解，因为你只有理解了，才能算听懂了、听到了。利奥塔就"倾听"说过一句很怪异的话："嘴观看，眼倾听"，嘴之所以能观看，是因为言说参与了观看，如果没有语言符号确立了对象之作为对象（例如树作为"树"、杯子作为"杯子"），那么我们什么也看不到；同样，如果眼睛不能看到深度的、有无限侧面的可感物，那么我们就不能听到任何东西。例如像"黑白玛丽"那样的思想实验表明的，一个先天盲人可能听过无数次关于颜色的讨论，但只有他眼睛治愈后，他才真正理解和听到了"红色"。当然，针对这种倾听，我们也已经可以说，今天很少有人能够倾听，因为人们习惯于只听到自己已经拥有的东西，只是选择性的倾听。因为人们往往不带大脑也不带身体地听，把耳朵乃至整个人当作了纯粹的接收器。就像尼采说的，如今人们都有一副大大的耳朵，像他那样有着小巧耳朵的善于倾听者已经很少了。看看尼采描述的不善倾听的大耳朵："这是一只耳朵！就像一个人一般大的一只耳朵！我更仔细地看去，真的，耳朵底下还有什么在动，瘦小和寒酸的可怜。真的，这巨大的耳朵伏在一根细小的杆子上，可那杆子是一个人！谁要是用放大镜，甚至还能认出一张嫉妒的小脸，甚至还有一个自大的小灵魂在杆子上晃荡。"

但在我看来，从另一个角度说，倾听，恰恰就是不去"理解"，如果你去理解谁，那你就没有去倾听谁。因为作为理解的倾听，所要听的不是说话的"人"，不是他的秘密，而是他的话语中被公开的东西。因为理解的最终目的是走向相互一致，走向作为"一"的真理。当我们在理解他的时候，我们穿过了他，我们只是借助他而走向了那"普遍"的东西，他被你当作了一个手段，你在倾听的时候越过了他，而不是停留于他。这就像你在听别人讲话，结果你的目光投向了别处，这时讲话的人会立刻抱怨："哼，你根本就没有在听我！"或者就像你和一个人讲话，目的只是为了从谈话中看看能不能套取到有用的情报。倾听的礼仪是，人在听的时候要看着对方的眼睛，这个礼仪已经说明，对于倾听来说，最重要的不是对方的话语，而是对方的人本身，是他的脸、眼睛和心灵。

真正的倾听，是停留在"多"那里，停留在对方的秘密那里，是尊重它，而不是去理解他，或者说总是承认我们不能理解他。当我们理解他时，我们恰恰没有足够地尊重他。就像曾经有一首法国诗写的："大象的鼻子是用来捡开心果的，没必要弯腰／长颈鹿的脖子是用来看星星的，没必要飞翔／变色龙的皮肤，绿色、蓝色、粉色、白色，是用来躲避动物的，没必要逃跑／诗人的诗歌是为了说所有成千上万的东西，没必要懂。"设想你听一个人在倾诉他的痛苦，你不要把自己当作一个记者、一个研究者、一个心理学家，而是仅仅将他当作同情的对象，设身处地地去设想和共鸣那种痛苦，并且相信我们不能触及他痛苦的万一。简单地来说，西方式的、辩证法式的倾听，作为理解的倾听，是听之以"脑"，而我们这里说的倾听，则是听之以"心"。

于是在这里，对话的典范形式不是真理的当场发生，而是彼此的倾诉和倾听，而倾听的能力，也就是爱的能力。真正的对话和倾听，应该如同爱的抚摸，如同初恋情侣的牵手，彼此徜徉于对方肌肤的触感中，徜徉于相互的慰藉和享受中。

旅行、阅读和写作的意义

在某种意义上，人是一种植物，因为人扎根于他所生活的地方，身上带有他的家乡的鲜明的地方性。所谓"一方水土养一方人"，这话从现象学上说起来可就复杂了，它指向了环境、空间、社会对人的全方位的塑造。因为人的这种植物性，远离家乡的人摆脱不了浓浓的乡愁，有时甚至会像被移植的大树一样因水土不服而生命枯萎。但我敢打赌，乡愁在将来将会是趋于消失的现象，这么说基于两个原因：第一，交通的发达、社会变动的加剧和人类迁徙的频繁，使得人越来越成为无根的、流动的生物。这就是说，人不再长时间生活在一个地方，不再寄情于一个地方，而是越来越成为漂泊的没有故乡的浪子。现代化是一个去魅的过程，它必将导致诗意的消失，而乡愁不过是其中的一种：当远方不再是远方，那么家园也就不再是家园。第二，在全球化时代下，所有的地方、所有的城市以不可逆转的方式趋于同质化，独一无二的地方越来越少了。今天，在北京、上海、广州生活有区别吗？也许有吧，但越来越难以察觉了。例如，今天在差不多任何一个城市，都能吃到全国各地的饮食，并且各地的饮食也相互交融，彼此越来越无差别。

在这样的一个时代,谈论旅行,大概就意味着谈论我们将来会过的日常生活。但至少在眼下,旅行还具有着与日常生活不同的特殊意义。

人为什么要去旅行?在很多情况下,人去旅行相当于去进行克尔凯郭尔说的"土地的轮作"。克氏说,所有人都是无聊的,为了避免无聊,人们发明了轮作的技艺,也就是说,不断地变化以免于无聊。例如,为了避免工作的无聊,人们选择了休闲,为了避免用瓷器吃饭的无聊,人们选择用银器吃饭,类似地,"一个人厌烦于生活在农村,他旅行到首都;一个人厌烦于自己的祖国,他旅行到国外;一个人'厌倦于欧洲',他旅行到美洲"。但克氏说,像旅行这类的只是一种最粗俗普通的、最无艺术性的轮作,因为它只是改变了土壤,而没有改变耕作方式和种子类型,后两者我们大概可以类比为改变旅行者的心性。假如他是一个无聊乏味的人,那么他厌倦于农村,也会迟早厌倦于城市;厌倦于祖国,也会迟早厌倦于异域。每一个做暴富梦的人,多半还附带着一个周游世界的梦想,但据先富起来的富翁们讲,他们在富有后很快就厌倦了旅游,因为他们很快明白,其他地方和自己的家乡一样乏味,新鲜的刺激像秋天的朝露一样短暂,他们注定会在不同的地方看到相同的东西。

那些渴望"生活在别处"的人,可能花很长时间之后才能明白这一点。他们总觉得自己生活的地方太乏味,别的地方也许会更好,更有趣的地方在下一个陌生的城市。然后,就像那个笑话段子,一个指哪哪疼的病人,弄半天才搞明白不是全身有病,而只是因为手指疼,所以摸哪都疼:这个"生活在别处"的人最后才发现到处无聊乏味，是源于无聊乏味的自己。

所以，对于大部分热爱旅行的人来说，旅行不过是他们逃避自己无聊的一种手段：长久地在一个地方生活，那种单调和乏味让人承受不住。但这种轮作的技艺有一个要诀：你要跑得足够快，以便令人讨厌的无聊的影子暂时不会追上你。例如，永远要在现任的女朋友/男朋友令你厌倦前逃离这种关系，尤其是不要踏入令你人生万劫不复的婚姻关系。真正在婚姻生活中呈现出婚姻奥义的人万中无一，它需要极高贵的心灵和极高级的轮作技艺。那些在无数段恋爱关系中流连的人并不是渣，他们不过是在生活方式上选择了旅行。他们至少忠于自己和他人的内心，知道一切婚姻承诺都是对自己人性的过高估计，包含着不自量力的欺骗：所有的恋爱关系最终都是令人厌倦的，激情注定是转瞬即逝的东西。在大多数情况下，人们的婚姻都沦为驴拉磨般糟糕的东西，婚姻这纸契约的甲方并不是彼此的配偶，而是经济、世俗或动物繁衍本能，结婚者用婚姻的契约把自己的生命出卖给了魔鬼，然后毕生都需要在婚姻中自我麻醉和相互欺骗。所以，在一个地方还没有令你厌倦前就离开它，就可以让你的生活始终有新鲜的刺激。游戏商大概最明白这个道理，他们知道：对于游戏者来说，所有的游戏都是令人厌倦的，只要它不更新。所以让游戏者上瘾的最重要秘诀是持续的变化升级，并且要在游戏者最终厌倦前推出新的游戏，游戏商利润最大化的秘诀就在于尽可能通过变出新花样来延迟游戏者厌倦的到来。

因此，旅游作为暂时摆脱日常枯燥生活的调剂手段，最重要之处在于新奇。和旅行相比，旅游是更低端的行为，因为如果说旅行是去体验不同的可能性,那么旅游多半就是单纯的猎奇。从审美的角度看,旅游的行为实在太奇怪了。例如,景区最重要的倒不在于风景美不美,而在于是不是奇特,所以"雄、奇、险、峻"往往是名山大川的必备要素,越不同寻常的东西(怪石、悬崖、瀑布)越受人们的欢迎。谁说越怪、越罕见的东西就一定越美呢?但旅游者也并不是在追求美的享受,而不过是在追求新奇、奇特的视觉奇观罢了。在许多并非景区的地方,在司空见惯的山水之间,我们常常能看到绝美的景致,但谁会不远千里去看日常生活中就能看到的景色呢?文化景观也是如此,重要的是要与众不同,也就是说,要有异域风情。

因为猎奇,所以旅游者通常浮在旅游景点的表面,走马观花地看一些被精心准备好让他看的东西。对很多旅游者来说,旅游最核心的意义在于"到此一游",他对景点的最主要的经验就是"我去过"。人们一天玩几个景点,每个景点呆几个小时,拍几张照片,然后匆匆忙忙地在指定时间赶到集合点,以便奔赴下一个景区。所谓"上车睡觉,下车尿尿,景点拍照"就是很多人旅游的写照。无论是旅游的时间,还是旅游者所看的东西,都不容许旅游者收获超出猎奇太多的东西。一方面,如果要获得真正的对自然景点和风土人情的体验和超出猎奇外的感受,充足的时间和悠闲的心态是必要条件。如果你不能在一个地方悠闲地看它的日升月落,不能和当地人交往闲谈乃至一起生活一段时间,你如何能真正对它有所体会呢?旅游者不能深入世界,就像躁狂症患者思维兴奋地在不同事物之间跳跃而不能深入世界。悖谬的是,"时间就是金钱"的资本逻辑,让旅游休闲变成了像战斗一样紧张和比工作还要疲惫的事情。

更别提如今各大景点每逢节假日都是人头攒动，再没有比在景区人挤人更煞风景的事情了。另一方面，人们在商业景区，看到的都是被精心布置的景观和精心安排的表演，它有着固定的线路，甚至有导游引导着你的目光，这意味着你不需要怎么参与、不需要多余的动作、不需要思考，而只需要安心地接受"摆置"，单纯地充当"眼睛"的角色。因此，如果谈到真正的纯粹休闲放松，以及调剂日常的乏味生活，近些年兴起的疗养度假模式毋宁更能满足人的需求，这种模式在一个地方呆更长时间，并且把休闲变成了一件真正悠闲的事情。

然而，如果谈到真正的旅行，谈到旅行对生命的意义，就是另外的事情。从生存论上说，旅行是任何人都应该经历的一段历练，旅行是人摆脱人的植物属性而获得人的自由属性的重要手段，简单来说，旅行同时也总是修行。所谓"读万卷书"和"行万里路"，两者是相互补充而彼此不可替代的。因为人是他所吸收的东西造成的，所以我们在什么地方生活，就意味着我们选择受什么影响，接受什么的塑造。当我们始终在同一个地方，过着按部就班的生活，我们的生命就很容易重复，因为我们无法吸收新的东西。只有跳出既定的轨道，我们才更可能看到生命不同的可能性：还有一个不同的世界，那里有不同的文化（即便自然物也带有文化的烙印）；还有一些别的人，他们有可能过着别样的生活，如此等等。于是我们去旅行，就是去冒生命之险：抛弃过去的自己，开放自己的心胸，去接受新的改变。

在这个过程中，减法和加法同样重要。首先，旅行意味着去做减法：抛弃过去的烦恼，斩断琐事的羁绊，远离日常的生活，真正放空自己。谁如果没有带着旅者一无所有的心，谁就没有真正上路。例如，很多人去旅行，但一路依然处理着各种家务或公事，或牵挂着日常生活的一切，那他的旅行就只能是三心二意的；其次，旅行意味着做加法，这总是意味着让自己成为被动的，能够接受影响和愿意接受改变的，甚至是易受伤害的。在旅途就意味着易受伤害，因为它没有了家的庇护，旅者让自己放弃了家的庇护，因为他意识到家在庇护他的同时也禁锢了他。谁如果在旅途中带着不受伤害的盔甲，谁也就没有真正上路。当我们易受影响时，我们就开始了蜕变的第一步。所以旅行者要学会入乡随俗，要尝试没有尝试过的事情。为了完成这样的旅行，就要求旅途不能是一切预定好的，不能是各种保障万无一失的，而是要向偶然性开放。因此，旅行意味着自由地参与而不是被安排，它意味着我们自由地去看我们想看的东西，它要去接触的不是被安排好的东西，而是最原生态的东西。这当然同时也要求了旅行的时间应该相对较长，也就是说，要把旅行当作生活本身的一个环节，而不只是像旅游那样，跳出生活而进入一个仿佛是虚拟的时空。

最后，就像克尔凯郭尔说的，变换生活场所（土壤的轮作）只是轮作的粗劣形式，是无聊的人摆脱乏味的粗劣手段，那在生存论上勇猛精进的旅者，也应该发现，去不同地方旅行和生活，只是旅行的初级形式。因为问题不在于"遭遇"不同的东西，而在于"看到"和"经历"不同的东西，谁说日常的挑柴担水，不是心灵的一场旅行呢。在并非隐喻的意义上，人生就是一场旅行，我们总已经在路上，而我们不能像蜗牛或乌龟一样，在生活中总是背着重重的壳，带着自己的家上路。

旅行的意义可以同阅读相互参照，因为人们说阅读是心灵的旅行，也说旅行是去读天地这本大书。阅读和旅行都是去探索陌生的世界，但两者至少有如下不同：首先，旅行是身体的旅行，是沉浸到世界之中，而阅读是纯粹眼睛的劳动。其次，旅行意味着全方位感受，而阅读所看的则是单纯的文字或图片。对于旅行来说，是真正的全身心在路上，是用身体在感知，而不是纯粹精神的探险。当我们参观的时候，我们置身于对象"之中"，而不是像阅读那样，仅仅在它所阅读的世界"之外"或"之上"。这意味着，旅行时我们可以变换视角去"知觉"它，让对象以不同侧面向我们显现，使它在我们的意识中被原初地构建出来，而阅读的视角是固定的。对风景的文字描述或照片呈现永远也不能代替自己亲身的观看，因为问题首先不在于前者的信息较贫乏，而在于前者只能是借用别人的身体去看，而不能自己去看。因此，阅读时我们接触到的，已经是别人消化过、咀嚼过的东西。相反，旅行时的看是原初的看，是把我们自己的身体交给对象，让对象通过我们的身体去呈现，甚至是说让对象去构造我们的身体。我们在旅行中会感觉陶醉，感觉身心仿佛完全融入了大自然中，这是因为我们不是在"阅读"大自然，而是我们让自己的身体（它的全副感知）被大自然所浸染。我们不是让世界服从于我们，而是我们把自己开放给世界。

在旅行对世界的体验中，存在着意义和知觉的相互超越，而这正是旅行感受（我们最好不要用"参观"这个词，"参观"暗含着"旅游者"的高高在上和冥顽不化）的美妙之处：一方面，我们的知觉超出我们的意义把握。无论如何，在旅行之前，我们要对所要经验的东西有一个预先的了解，知道我们会看到大山、庙宇等诸如此类。但旅行永远会给我们惊喜，因为我们所看到的东西总是会超出我们的预料，我们会看到那无法用言语形容其万一的东西。例如人们经常会说："你最好自己去看看，没有自己去看过的人无法体会那种感受。"另一方面，我们的意义又总是力图超出我们的知觉。一个毫无历史感，缺乏人文知识的人，很难从文化景观中感受到很多兴味。因此，在别人感到震撼的地方，他只能觉得平淡无奇。当我们通过文字，通过介绍性的说明，以及通过自己去了解历史，我们就在对物体的直接感知中，感受出历史的纵深。因此，我们越能从事物的知觉那里上升和提取出更多意义，我们的感受也就越丰富，这里就有意义对知觉的超出，现在知觉成为厚重意义的一个侧面例证。

总之，旅行是身体的全方位感知（包括听、嗅、触摸甚至品尝），而阅读则是眼睛对文字或图片的单纯看。但正因为阅读仅仅用到眼睛，所以阅读超出旅行的地方在于它有更多的思考，它是更加理智主义的行为。正因为阅读感官的工作较少，所以它大脑的工作就较多，因此阅读能深入世界的内在处，而不是世界的外观，所以它进行判断、分析、推理，完成意义的创造。如果说旅行是偏感性的，那么阅读就是偏理性、偏逻各斯的行为，毕竟阅读最主要的是对符号和意义的阅读。此外，因为阅读是用他人的身体（眼、大脑）去看世界，所以它能帮助我们看到自己看不到的东西，实现所谓的"视域交融"。当我们旅行时，我们的确更自由，但这也意味着我们被禁锢在自己的身体中，我们只能用自己身体这扇窗户去看世界，而阅读可以用他人、很多人的身体去看，用很多人的大脑去思考，所以阅读的过程也是与他人对话的过程，是在他人的基础上思考，与他人一起思考。在阅读中与他人的神交、神游，是阅读给予人的不可替代的经验。

所以，某种意义上，这就使得旅行是一个更初阶、更基础的活动，而阅读则是相对更高阶、更抽象的活动。旅行偏于对原生态事物、自然的感受，而阅读是对人类精神成就的重复和在重复基础上的创造。当然，两者之间的界限不是截然清晰的，而是渐进模糊的，因为旅行也包含了对人类精神构造物、象征乃至语言符号的阅读，而阅读在某种意义上也是对语言中所包含的事物（形象、意象）的触摸和感知。这意味着，旅行更接近于原创造，而阅读更接近于再创造。这种再创造对人类具有决定性意义，因为它使文明和知识的传承和发展得以可能，没有知识的书写和对前人写下的知识的再创造，人类就不得不一再重新开始。

因此，对于个人来说，阅读就是我们人生路上的驿站或给养站，它是我们生存的转换和提升的关节点，也就是说，阅读不是生命中的一个静态环节，好像我只是单纯地在读书和生活之间来回切换，而是读书滋养了生活，给予了生活以力量和指导，而生活也给予了读书以理解的眼光。一个不读书的人，他可能很有天才，但其成就终将十分有限，因为他没有历史上无数天才的思想和眼光作为基础，他缺乏人类伟大思想的刺激和启发。和整个人类的思想成就相比，个体的天才终将如萤烛之光。同样，一个只读书，而没有自身独特的生活经验和创造性思考的人,他甚至都无法理解别人的思想,顶多也只是在重复照搬别人的思想。因为一个人要明白别人的思想,他至少得一度尝试去这样思考过。阅读总是意味着这样的一个相互作用过程:一是他要将自身的全部生命阅历经验、思考投身到阅读中,以试图去"打开"他所阅读的文本。没有这样的"引子",书本是不会对它开口说话的。在这里,书本是阅读者的一面镜子,我们从这里看到了自身的样子,看到了我们所具有的东西。所谓"去旅行,以发现更好的自己"既适用于旅行,也适用于读书。所以,不同人从书中读到的东西是不一样的,甚至我们在不同时候读一本书,感受也会截然不同。有些书为什么可以常读常新,因为我们用了不同的经验去点亮了那些同样的文字,通俗地说,就类似于同一个游戏程序,不同的人会玩出不同的表现,当你观看一个象棋高手下棋,你可能会惊叹"这才是象棋!"因为象棋在他那里好像活过来了,充分实现了它的可能性。对于每本书来说也是如此,它可能会遇到一个高手,使这本书的意义得到了仿佛是完满的实现,无疑,这已经是一种创造;它也可能遇到一个菜鸟,使这本书的意义只得到了微弱的实现。例如,人们经常会开玩笑说,有些书我们每个汉字都认识,但就是不知道它说的是什么。之所以如此,是因为每个字在被使用时的意义,不同于它在字典上的意思。每个字如果脱离了语境和作者所谈论的对象,就会有近乎无限多的意义。设想有人用语言向你描述一个事物,他反复从不同角度去言说它,但你始终感觉朦朦胧胧,似懂非懂,而后突然你明白了他说的是什么,那是你曾经见过的东西,这时候,你会豁然开朗,觉得他讲的一切是多么清楚明白,每一个字都那么生动准确。这就是说，为了要明白别人思考的东西，你得有相应的生活积淀和思考经验。但是，这显然也不是说，我们阅读时只是在重复我们自己，因为阅读也是一个让文本的思想来规定我们思想的过程，通过阅读，我们与他人相互印证，相互对话，从而扩展我们的视野。孔子"学而不思则罔，思而不学则殆"的格言可以精当地指导我们与文本之间的对话：我们要用别人的思想去引领我们的思想，否则"思而不学则殆"，但同时，"学而不思则罔"，如果只是去跟随别人的思想而没有自己的思考，就将在阅读中迷失自己，让自己的大脑成为别人思想的跑马地。

二是阅读也是用书本去滋养生活的过程，因为通过阅读，我们开阔了视野，增进了见识，使我们的行动变得更加睿智和富有力量，此即所谓"活学活用"。对于行动和生活来说，阅读是一个伸展和发散的过程，它打开我们的灵魂，展开其各种可能性。用通俗的话来说，思想家负责把简单的事情变得复杂；相反，行动是一个内聚的过程，行动者负责把复杂的事情变简单，他不考虑各种可能，而只考虑此时此刻当下要做的最优决策，也就是说，要把所有的思想和经验压缩到当下的一个行动中去。行动要考虑的是实践智慧，而阅读关涉的是理论智慧。但是，为了让阅读有助于行动，就应该允许行动被阅读所中断。阅读是为了更好地行动，而行动又有助于更好地阅读，正是在这样的过程中，我们的生命经验得以螺旋式提升。以此来反观，今天现代人信息阅读的迅速增加常常并没有增强我们的行动能力，反而导致了阅读和行动彼此割裂。一方面，阅读成为对生活的逃避。人们感到生活太枯燥、太压抑，所以除了完全功利主义的阅读（例如为了考试）外，人们大多把阅读当作纯粹的放松娱乐，打发时间的无聊消遣，阅读成为对行动无用的东西。另一方面，正因为此，所以行动也很少从阅读中汲取力量，这就是说，我们的行动没有历史感，在这个变化迅速的时代，前人的经验被视作过时的、落伍的，这使我们的行动全凭天赋，就像韦小宝的行动指南永远是"随机应变吧！"因而我们不得不一再重复已经犯过的错误。

最后，为了要有阅读，我们先要有写作，于是也就有书写对于生命的意义。当然，在阅读中，书写的意义已经得到了很充分的体现，因为书写是为了被阅读。但是，书写的意义有时不但在于为了另一个阅读者，甚至也不但在于为了阅读，它也是为了写作者自身和书写本身。让我们设想这样一个过程，我在电脑面前写了一张字条，例如"加油！"或"离高考还有100天"，那么我的书写不是为了给另一个阅读者，而只是为了给我自己：我既是这段文字的写作者，也是它的阅读者。但我书写的这句话既从我精神中脱离出来，又反作用于我的精神。又例如，写日记的人，很多时候既不是为了给别人看，甚至也不是为了给自己看，他写作可能只是因为他需要写作，就像一个人哭喊可能不是为了引人注意或告诉别人什么，而只是因为他想要哭喊。在绝大部分写给别人阅读的书中，都有部分哭喊的性质或功能，要我说，这才是书写最原始的意义。在写作中，可能受益最大的首先不是别的阅读者，而是写作者自己。因为就像阅读一样，写作本身也是一个创造的过程，我这么说的意思是，我们常常并不是先有创造，有一个新的想法，然后我们再书写下来，如果这样，书写就成为一个无创造性的机械过程，而是我们恰恰在书写中才进行创造，我们的想法才成形。这意味着我们应该对"书写"做一个不同于日常意义的扩展：书写最核心的不在于用纸和笔把符号写下来，而在于把朦胧的、不明确的想法用符号写下来，至于这个实际的书写，它是用纸笔完成，还是在心里默默完成，并不是最紧要的。这就是说，如果一个诗人在心里构想出了一首诗，尽管他没有用纸笔写下来，或没有口述出来，但他实际上已经完成写作了。

于是，写作对于写作者和阅读者而言，至少具有两个特殊的意义。首先，写作是写作者对自身的考古、探险和治疗，借此他才得以自我理解和自我揭示。人自身是一个深渊或一个宝藏。对于绝大多数人来说，人对于自身都是讳莫如深的。他的历史，他的无意识就像层层累积的矿层，被越埋越深，不见天日，仅仅在梦中偶尔无痕迹地出现。因此，书写意味着自我与自我对话，自我与自我和解，他试图去理解那些晦暗的经验，给予它们一个书写表达，因此，通过书写，人变得更能够理解自己。无论对于个体的人来说，还是对于整个人类来说，我们都可以说，那些没有被写出来的东西，实际上并没有发生过，或至少等于没有发生过，它只是因为被书写才得以存在，书写使之存在。设想，你今天写一篇日记，记载了一件引发你触动的微不足道的小事，这时，你等于赋予了这段缥缈幽灵般的思绪以肉身，在很多年里，你重读这段文字，或者在心里浮现它，它就在你生命中留下了烙印，并且持续地发挥作用。但是，假如你没有去记述它，那么它可以说几乎没有存在过，因为它只是一个没有获得肉身的鬼魂，并且立刻就消散了。人们经常说一句很平常但很有道理的话："文章是'写'出来的。"因为写作本身就是一个"使之清晰"的过程，在写作之前，我们多半只有一个朦胧的想法或一个若有若无的直觉，在书写时，理性将感性的东西梳理清楚，将简单的东西加以展开，概言之，我们不仅是用大脑思考，我们也要用笔去思考。

因此，书写不仅是自我的考古过程，也是对文化整体，对人类精神的一个考古过程。为什么书写能够帮助我们思考？因为在书写时，古人在帮助我们思考，他们用他们沉淀在语词中的思想帮助我们思考。在书写时，我们被语言牵引着走，我们在书写时通过语言和古人对话。因为语言总是他人的语言，而不是自己的私人语言，而我们在使用他人的语言时不可能不让他人影响我们。严格来说，我们书写时不过是在别人的家里借住，并且试图在借住的这段时间里试图给这个家留下一点烙印。对于古老的汉语，我们每个使用它的人都不过是它的匆匆住客罢了。作家能深刻体会到这一点：写作是一个历险。他不知道书写会将他引向何方，他身不由己。在写作中，我们头脑中有意识的部分，卷入了一个与众多存在着但并不清晰之物的相互激发之中：例如语言中沉淀的他人思想，思想中的非有意部分（如情绪、影像），思想自身之中的内在逻辑，等等。

其次，写作也是对写作者/阅读者的一个反作用的过程。因为被书写下来的东西有一种坚固性、不透明性，就像写下"加油"的纸条对写作者有一种反作用一样。之所以书写有助于思考，其原因部分也在于此。除非具有超强的记忆力，否则大部分人都会发现，没有书写记忆的帮助，进行漫长而细致的思考是件困难的事。你不妨试试在完全的黑暗中去写作，看看是什么体验，我想你会发现，你刚刚写下的东西，很快又淹没到黑暗中去了，它使得你几乎不太可能写出一篇连贯的长文。同时，书写又有一个特征，一旦它被书写下来，它就与写作它的人脱离了关系，具有了自身的存在和独立的生命。用德里达的话来说，文字一旦被书写，就是没有监护人的孤儿，书写诞生时，对读者来说作者就死了，因为作者并不享有这些文字的监护权和独家解释权。文字的意义在文字自身之中，文字自身而不是作者决定了意义的可能性范围，如同游戏程序本身限制了游戏者玩游戏的方式，从此以后，作者也只是这个游戏的其中一个玩家。我们所说的东西和我们想说的东西，在书写的一瞬间就拉开了距离：写下来的文字总是既比我们想说的要多，也比我们想说的要少。所以，我们不要问这段话作者的意思是什么，而要问，这段话是否赋予了如此被理解的可能性。

旅行、阅读、书写，如果说它们围绕有一个轴心，那么这个轴心就是我们的生活，我们的行动和生存。丰富我们的生命所需要的无非是更有力、更正确的行动，以及更透彻的反思，而这就需要我们去旅行、去阅读、去书写。简言之，去存在。

家：不安与自得

不安是人的一种日常情绪，同时是人最基本的规定性。人自出生起就是不安的，并且，人的本质就是不安，不过这句话的意思其实是，人的本质就是没有本质，人的本质就是永远不安于自己的本质，永远去超越和去欲求更多的存在，也正是这种不安的精神造就了今天的人类。用海德格尔的行话说，不安是规定着人的最基本的"生存论情绪"。

但与此同时，追求安宁也是人最基本的规定性，这种求安宁的倾向使人努力去认识事物，把无名的"存在"把握为确定的"存在者"，将不可测的自然转化为可靠的"世界"，为自己造就家园。在哲学上，人们也可以将这种求安宁和求休息的倾向称之为人固有的"形而上学"倾向。说"形而上学是人的本性"，无非是说，试图一劳永逸地为人类建立一个安稳的家是人的本性。而说人是话语的、辩证法的存在者，无非是说人永远处于一种躁动不安中。在不安与自得之间的不同选择，可以说规定了中西方文化精神差异的最内在方面。

我们所经验的"不安"，可以从两方面得到描述：

一方面，这种不安乃是一种被动的、不得不被经验的不安，在这种不安中，人们心神不宁，感受到某种自己无法支配和预料之力量的扰动，人处于不安之中，仿佛是"树欲静而风不止"。这种被动体验的不安，又可以区分为两类：一类是有关非道德的"存在"意识的不安，例如感到焦虑、害怕、担心。当人不知道明天的口粮在哪里时，他是不安的；当孩子离开母亲时，他是不安的；当一个人离开家时，他是不安的。本质上说，这种不安是一种无家可归的状态，因为人不在家、流浪在外时，人是受扰动的，或随时可能会受扰动，他没有可以抵挡风雨或伤害的东西。而安宁就是在家之感，家使我们得到安宁，因为家有屋顶和四壁，当我们回到家，关上门，我们身心舒适，睡眠深沉，我们有安全感。存在的不安关涉的是人自身的生存保障。

另一类被扰动的不安，则属于道德意识而非存在意识的不安，也就是我们说的"良心不安"，如见孺子将入于井时的恻隐之心，见他人受苦时的不忍之心。这也是一种受到扰动的不安，但此时不再是关心自己的生存与安全，毋宁说是基于同情（移情）而产生的对他人生存和安全的关心。当人良心不安时，人感到自己受到某种道德呼声的扰动，感到自己亏欠于人，感到自己是有罪责的，不再心安理得。

另一方面，不安作为一种主动的不安，即"不安分""不满足"意义上的不安。它有可能是基于被动的不安而产生的一种主动筹划、操心的不安，也有可能是虽然身处安宁之中，但依然永远超越和否定自己，永不餍足的不安。在这里，人与动物有着重要的区别，动物在受到扰动时，会感到不安，并且会努力寻求安宁，它们躲进洞里，逃出天敌的视线范围。但是，当它们得到安宁后，它们不再感到不安。毋宁说，动物总是安于自身，动物在类属的意义上存在，因为它们不追求超越自身的规定性。当然，在较弱的意义上，我们也可以说，动物甚至所有有生命的存在者都是不安的，因为它们也具有"权力意志"，即它们也总是不满足于自身，而是追求更多的力量，追求保存和壮大自身。即便一个细菌也总是欲求繁殖并发展出两个细菌。但动物的不安似乎更多地被固有的规定性所束缚，而人是一种永不餍足的存在，它不安于自己的本质，不断地否定既有的本质规定性，并且在此过程中创造自己的本质。

这种主动的不安也可以区分为两类：一类是存在意义上的不安分，例如，人在存在中感到海德格尔说的对存在的"畏"。我们可以通俗地把这种"畏"理解为害怕自己碌碌无为，害怕没有实现自己的存在意义和价值。畏迫使人向本真存在的方向去努力，去开展出存在，而这无非是说，此在不断地去筹划和展开，去创造和实现自己的可能性（"本真整体能在"）。因此，畏本质上就是一种主动的不安，因为，即使在安宁之中，"畏"也要人打破这种安宁的舒适状态，它将安宁视作非本真的"沉沦"状态，驱使自己从舒适的家中走出来，去面对更多的挑战，并且在克服挑战的过程中超越自己。因为，按照这种规定，当人在日常在家的沉沦状态中感到舒适时，人其实是背弃了自己，单调地重复自己，处于堕落中而没有去实现自己的全部真正可能性。在这种追问中，自我是永远不安的，因为他总是有理由质疑自己：你已经竭尽你全部的力量了吗？你已经实现了你全部的可能性吗？我们可以把海德格尔说的对某个具体事物的"怕"类比于我们这里描述的被动的"不安"，而把海德格尔说的"畏无"或"畏存在"的"畏",类比于这种主动的不安分。海德格尔在《存在与时间》中说:"安定熟悉地在世是此在之茫然失所的一种样式,而不是倒转过来。从生存论存在论来看,这个不在家须作为更加源始的现象来理解。"按照海德格尔的理解,从存在论的意义上说,畏比怕更为源始,被动的不安不过是主动的不安的一种特殊样式,主动的不安才是源始的不安。这当然是对的,但是,从发生的意义上讲,被动的不安则更为源始,人首先遭遇被动不安,人是从被动不安的"遭受"出发,才逐渐走向能够以主动不安的方式去筹划整个人生。

另一类则是道德意识上的主动的不安。当一个人在面对他人的苦难和不幸时,当一个人因自己的过失而眼见他人陷于痛苦之中时,甚至当他物伤其类,"见其生不愿见其死,闻其声不忍食其肉"时,这种不安就是纯粹被动的不安。这些扰动若不影响到人,人就感到心安理得。例如,儒家的"君子远庖厨"就是典型的被动良心不安,而非主动良心不安,因为它在受到扰动时感到不安,但如果不受到扰动,它就感到自得自慊、心安理得。当梁惠王看到牛要被杀时,他心生不忍,但当他没看到羊时,他就没有良心不安。尽管儒家的君子知道食荤是以残忍的杀生为前提的,但只要他不见宰杀场面,他就感觉心安理得。这种良心安宁甚至可能达到一种如此极端的程度,以至于变成某种恶。被动不安有可能陷入某种伪善或虚假意识;相反,主动的良心不安就像主动的(存在)意识不安一样,它是一种"持续的"不安,即他永远良心不安,它从"被他人"所扰动,走向了主动地"为他人"考虑和负责。这种不安甚至达到了普遍罪感意识的极端程度:他为自己的存在感到良心不安,他"知道"自己的存在是有罪的,因为他自己存在必定占用了别人存在的资源,使别人难以存在。例如,你今天吃了一顿饱饭,你就可能导致地球上的另一个贫穷的儿童因吃不上饭而饿死,因为理论上你总是有可能用节省下来的这顿饭来使那个儿童免于被饿死。这种良心不安在列维纳斯的伦理学中达到了最深刻和极端的表达。在列维纳斯看来,人的意识本质上应该是有罪意识,因为人永远对他人负有责任和义务,需要回应他人的呼声。而且在我们看来,这种永远不安的良知,在西方的宗教中已经获得了它最基本的表达。列维纳斯的伦理学的灵感源泉,就包括了亚伯拉罕献祭自己的独子以回应上帝呼声的故事。

于是,从上述描述和分析中,我们已经容易看出中西方文化精神的最根本差别:西方精神的本质是一种不安的精神,而中国思想的本质则是追求安宁自得。人们曾将中西方的差异表述为所谓的"罪感意识"和"乐感意识"之差异。在笔者看来,这一表述只是抓住了表征,而没有鞭辟入里。在意识或存在上,西方贯穿着努斯的永远不安的精神,本质上是黑格尔所谓精神不断自否定的苦恼意识,在这种不安意识的驱动下,它产生了追求不断征服自然的科学,和不断追求自我利益的民主。固然,西方人也追求存在的安宁,但它们的安宁无论作为世俗的柏拉图主义,还是作为宗教的柏拉图主义(基督教),都是位于经验世界的彼岸,位于天国之中。也就是说,人只能是永远不安地趋向那个永恒安宁的家,但却绝不能踏进它的门槛;相反,对于中国人来说,安宁是现时可得的(为此,有人说中国文化缺乏超越的精神)。中国文化永远持有一种调和持中的态度，它不求克服自然，而是寻求人与自然的和谐，即它通过转变人的精神状态（"此心安处是吾乡"）和适当调节自然来达到人在自然中的安宁在家之感；同时，它也在家（安宁）的模式下去理解人与人的状态，把家的"亲亲为仁"的模式推广到整个社会的关系模式中去，进而形成了"家国同构"、君君臣臣父父子子的政治模式。即使在国家与国家间的对外模式中，中国也从未形成西方式的征服、扩张、不断殖民的不安模式，而是确立了划分家里家外的华夏—夷狄模式。

在道德意识上也是如此，中国的伦理道德文化以家、孝等为基本模式，人们称之为不同于西方陌生人道德关系的"熟人伦理"模式，这种模式以亲人、家人的关爱伦理为原型推己及人。这也表现为社会治理是用所谓权变的"礼治"代替普遍性的"法治"。这种伦理的家模式本质上是一种"安宁""自得"意识，其道德的评判标准和最高境界都是"心安""问心无愧"。例如，道德的评判标准是"视其所以，观其所由，察其所安"，而道德的最高境界则是自适，"从心所欲而不逾矩""仰不愧于天，俯不怍于人""君子坦荡荡"。但不难知道，这种心安只有局限在被动不安的范围内才能实现。因为只有在这种被动不安中，通过良知的"反身而诚"才能够达到"无入而不自得"的境界。而如果考虑到主动不安，那么"诚"的结果将永远不会通向坦荡自得，而只能通向良心有愧。

在此意义上，王阳明式的良知自慊就有走向"虚假意识"的危险。例如，在心学的致良知中，安与不安皆落在与人事打交道时才受的扰动上，"知是心之本体。心自然会知。见父自然知孝，见兄自然知弟，见孺子入井，自然知恻隐。此便是良知"。一方面,在不"见"时,在心没有发动时,心无所谓不安,"无善无恶是心之体";而另一方面,在与具体事物打交道时,只要当下"反身而诚",遵从良知的指引,就能知善知恶,达到心安的境界。有善有恶的"意之动"完全系于与具体事物的关联接触,所谓"身之主为心,心之灵明是知,知之发动是意,意之所着为物"。但是,在西方宗教式的道德良知中,未与物交接的心已经是永远道德不安的,永远有罪的,例如,我作为主体首先乃是"责任主体",我从一出生起就是他人的"人质"(对他人负有亏欠),因而就是良知不安的,我是易受扰动的"皮肤"。最源始的道德呼声恰恰不在于具体某物向我们发出呼声,而是"无"在向我们发出呼声。这就是说,只要考虑到主动的不安,人就有"原罪",良知就将永远处于不安之中。

我们可以从康德的一个区分中更清楚地看到这一分别。康德认为,对行为善恶的判断,不是良心的职责,而是知性的职责,因为知性依靠道德理性法则去进行判断,而良心只负责敦促人去细心检查知性是否履行了道德判断的职责。例如,耿宁在讨论这个问题时,举了一个十分贴近当今现实的例子:在购买商品时,人们可能需要去细心检查,有些商品很廉价,但可能是血汗工厂生产的,或毁坏了热带雨林,如果我购买了,就是助纣为虐;而另一些产品价格较贵,但可能却遵守了公平交易的法则,因而此时的购买行为道德上是善的。因此,良心只负责判断我们是否尽心去检查我们的行为是否道德,而对行为的道德与否的判断本身是知性负责的。在康德看来,在道德判断上人是可能犯错的,但在人是否认真进行了道德判断上,人是不会犯错的。然而，在良心的"是否认真检查"上，存在一个滑坡论证，这种滑坡论证就标明了良心安与不安的程度差异。首先，例如在孟子以羊易牛的事例上，梁惠王的检查可以说是十分粗心的，因为梁惠王只要稍微想一下，就能预知羊的痛苦，但他拒绝这样想，并且由此他觉得心安理得，认为这符合他的道德，自己已经细心检查过了。其次，像检查商品是否在生产和贸易过程中有不公正行为，这种检查的细心程度就很高，我想绝大部分人都未能这样去做。最后，另一个极端，如果我们彻底严格细致地检查，我们可能必须承认，假如我们总是认真检查行为是否道德，那么我们总是应该感到不安。例如，你救助了一只流浪猫，但你同时还任由无数流浪猫处于痛苦之中，你是否在救助猫上竭尽全力了呢？我们可能会发现，自己做的永远都不够，因而永远是良心有愧的——又例如，在电影《血战钢锯岭》中，虔诚的基督徒道斯在战场上救人，尽管他已经救了很多人，但他始终感觉是良知有愧的，有一个声音在告诉他，还可以再救一个、再救一个，因此，除非他被打死或力竭而亡，否则他永远是不安的；毕竟，也许我再坚持一下，还能再挽救一条生命呢；在这个世界上还有人饿死或死于战火的情况下，你如果细心检查，你将发现你吃的每顿饭和享受的每分钟的和平都是不道德的，都应该令你感到良心不安。于是，我们可能必须认为，在是否细致检查上，良心可能也是会犯错的。或者不如说，问题在于确定是否认真细致的标准，而这又涉及是否心安的界定标准。

西方的道德意识在这里趋向了两个极端。一方面，体现为世俗生活中的、存在论意义上的无良知：在追求自身的存在和强大时的"不安"意识导致了对他人的不道德。这并非是说西方人在世俗生活中行为不道德，而是说他们不诉诸道德意识和良知呼唤（这从良心概念在西方道德哲学传统中的地位也能看出来），因为所有的道德规则是契约式的，无论是功利主义还是义务论，都是在利益博弈或抽象推理下所实现的规则意识。而另一方面，是在宗教生活中所趋向的绝对不安，这种不安最终导向的是否定自身和世俗生活，以趋向一个无限和神圣的召唤。于是，无论从存在意识还是道德意识上看，我们都能看到，以走到西方文明之边界处闻名的两位大哲学家海德格尔和列维纳斯，依然位于西方哲学精神的圆心：海德格尔遵循求存在意识的绝对不安，而列维纳斯遵循求道德意识的绝对不安。

于是，我们得出了这样的结论：第一，无论在存在意识和道德意识上，中国人都是力求心安，而西方人则要求摆脱安宁，以永远处于不安之中；第二，存在意识和道德意识两者似乎处于相互冲突的争执之中：一个人越是不安地追求自身存在的实现，他就越无良知，而他越是回应他人的责任需求，就越趋于对自身存在的否定。

为了进一步厘清上述关系，让我们再次回到最基础的现象学描述。

首先，人最初处于绝对被动的不安之中。在婴儿式或原始采集文明的生活中，他在有吃的时候享受，没吃的时候受苦，他无法控制或支配自然，他不拥有任何庇护他的东西，处于绝对的不确定之中，他是绝对不安和无家可归的。后来，人学会了使用工具，学会了"为了"得到享受而去认识和支配对象，简言之，学会了劳作、操劳、操心，由此它通过劳作而建立了世界，他把与他遭遇的可怕的、难以揣度的"存在"转变成了他能够理解、筹划的"存在者"，这时，他使过去成为稳固的，使未来成为可预期的，他以烦恼／操心为代价而获得了痛苦和不安的减少。简言之，他把原始的自然改造成了"世界"，并且在世界之中拥有了最初的在家之感：他有了家园，在家园里一切都是亲熟的、稳靠的、受他支配的，而不再是恩威难测的。就像一个婴儿不再把母亲的离去视作令他不安的可怕事件，而是可以呼唤她的到来。

但在这样的舒适在家状态中，中西方人类就此做出了两个迥然相异的决定性选择：中国人选择了安宁自得的状态，他们满足于在家中，调适着亲亲的伦理生活，他们没有愿望去开疆拓土，扩大他们的家园，也许他们认为人的生存所需要的家和"世界"不一定要很大，不需要太多的财富，生存中更重要的是心灵的自适自得，无止尽不安地追求财富和欲望只会带来更大的痛苦；而另一些习惯于在海上和商业上讨生活的西方人，则选择了另一条冒险的道路，他们不满足于在舒适的家中，而总是在路上，或者说总是处于一种奥德赛之旅中：不断地离开家去冒险，并且在冒险中将更多的东西带回家，于是，他们的家越来越大，拥有的财富（知识）越来越多。那些对于中国人来说陌生的、不可揣度的存在（不可预知的事物），被他们转变为了可供支配的存在者（财富），简言之，他们拥有了科学和技术，具有了更强大的征服自然的力量。这是一条永无止境的自否定的道路。按照这种理解，人就是一种不安的存在者，无家可归的存在者，人在家中意味着人的停滞或死亡。用海德格尔的话来说，在家中意味着此在（人）处于非本真状态中、沉沦于存在者,而不是去"畏"、去倾听良知的召唤,在罪责中去本真地开展他的存在。于是,不断追问着的人,就成为黑格尔式的带有引号的自否定的"精神"。在这个过程中,这些冒险者也逐渐变得贪婪、狂妄并且迷失本心。当海德格尔给黑格尔的精神打上了引号,把在最终之地憩息着的精神变成了不安着的时间化和持久的追问,当伽达默尔打开了黑格尔绝对精神的封闭顶点,选择了"恶无限"的无限辩证法道路,这种不安不是被缓和了,而是被激进化了。

但是,当人在绝对不安的求存在的进取中大杀四方时,道德的不安意识被压抑了,因为自然、他人成为他征服的对象,而不是他责任和亏欠的对象。但人为什么会感到亏欠他人,为什么会因他人受苦而感到良心不安?因为人在生存过程中萌生了移情的意识能力和同情的道德意识。良知不安本质上以同情意识的发生为基础。良知的声音真的是先天的(不学而知的良知良能),是每个人内心中不会犯错的法官吗?从前面的分析中我们已经可以看到,如果每个人在同一事情上关于良心安宁与不安的判断是不同的,那么良心就绝不是先天的和不会犯错的。把良知犯错解释为"只是良知受到蒙蔽,良知本身不会犯错"是一种不具有可证伪性的诡辩。事实上,每个人良心的"反身而诚"都受到自身文化历史积淀的影响。古代儒家知识分子不论如何在"诚"上下功夫,都不会为女性缠脚的痛苦而感到良心不安,孟子所谓的"不习而能,不学而知"的良知是不存在的,良知即使不是自己生活习性积淀的结果,也是世代历史积淀的结果(通过传统遗传和表观遗传)。所谓良心的声音,不过是在历史积淀的基础上,产生于人的意识之中的被动发生,就如同人忘了某件事后的"突然想起"的被动发生——被遗忘的事件向我发出召唤,"你忘了给朋友带书了!"。因此,我们可以以不合语法的方式说,既存在好的良知,也存在坏的良知。

当良知不安萌生后,存在意识的不安就构成了对它的威胁。求存在的主体总是对他人的苦难麻木不仁。例如,在尼采对同情的批判中,这一点显得昭然若揭:在尼采看来,上帝死于对弱者的同情,同情是奴隶道德,对弱者的同情是一种根深蒂固的疾病,是生命的退化。强健的生命理所应当地应该以弱者的生命为滋养。列维纳斯认为,整个西方存在论是一种暴力,这种暴力导致了安宁意识,正是这种安宁意识压制了道德上的责任感,使西方文明成为对他人的暴力。但我们毋宁认为,西方存在论如果说是安宁意识,那也是道德上的安宁意识而不是一般的安宁意识,而这种道德上的心安理得,毋宁是源自存在意识上的绝对不安(缺乏安全感)。

反过来,在存在意义上的家的安宁之中,道德的良知意识并没有被抑制,而是被划分成"家之内"和"家之外"。当一个人不是远赴丛林探险,展开一切人对一切人的战争,而是在家园中生活时,他不会把所有对象预设为敌人,而是与熟悉的人和对象构建起其乐融融的关系。在家之内,即在亲熟的关系中,人们建立起亲亲的关爱伦理与良知意识,而在他没有关切到的"远方"(蛮夷之地),在家之外,他的良知意识并不积极起作用,民众的苦难只要不发生在儒家的君子眼前,不与他处于直接关联之中,就不会妨碍君子们继续享受他的"孔颜之乐"。儒家的谦谦君子的心安标准,比起摩顶放踵以利天下的墨家来说,要远低得多。孔子说,"道不行,乘桴浮于海",

天下百姓的命运，甚至不如自身的安然自得重要。

　　人们指责说，中国文明缺乏陌生人伦理，因而忽视"远方的哭声"。但在这点上，西方文明不如说是等而下之，因为它"对内行文明，对外行野蛮"，并且在它所谓的"对内行文明"方面，本质上仍是野蛮，是冷冰冰的普遍道德规范，而不是个体间温暖的关爱伦理和切身的良心不安，在他们谦恭有礼地对待你时，他们并非是诚挚地关心你，而毋宁是履行身为文明人的道德义务。西方对内的文明是一切人对一切人战争的斗争妥协的结果，是利益博弈所建立的普遍性规范，用列维纳斯的话来说，这一切不过是把狰狞的"战争"转变为了伪善的"商业"。西方道德的普遍规范和商业上的普遍契约意识在本质上并无不同，都是利益博弈的结果。在资本主义市场经济中，首要的德行是诚实守信，而不是孝慈。

　　在中国人那里，情况实际是：存在意识上的安宁，导致了道德意识上的安宁；同时道德意识上的安宁，也反过来要求存在意识上的安宁：既不是我完全奉献自己以服务于他者（道德意识的绝对不安），也不是我完全征服他者以滋养自己（存在意识的绝对不安），而是既让自己存在，也让他者存在，彼此和合与共，求得整体的和谐安宁。在儒家伦理当中，"爱有等差"始终是占据主导的法则，这种等差法则使得心安与不安取决于关系的亲疏远近，而不是某种普遍性的道德法则。在这里，家内和家外之间没有明确的界限，而是一种模糊的渐变。例如，对孔子来说，父母去世，需守三年之丧才心安，但对于疏远一些的亲人，心安的标准可能就大大降低。甚至每个人对心安的标准也可以有不同，例如宰予就觉得三年之丧太长了。

对此，孔子的回答是："汝安，则为之。"尽管孔子觉得宰予这样不够"仁"，但孔子也觉得这取决于每个人的判断，不是绝对的。于是，中国人在存在意识和道德意识之间都采取了中庸的准则，既顾及自身的存在，也顾及他人的存在。

节日与仪式

节日是什么？节日是生命的呼吸韵律，是人们给时间做的点校，是时间文章中的逗号和句号。节日是社会的共振器，它将离散的人们凝聚在一个共同的文化空间中，令他们趋向相同的方向，经历相同的情感。节日还是人类社会的减压阀，它调节和释放人们的情感和欲望。节日不仅拥有人性的基础，还有着形而上学的基础，它是建立在物理时间和心灵时间基础上的第三类时间：作为人类故事的被讲述的时间。而作为故事时间的基础，节日乃是被重复的游戏。

动物大概没有节日，只有人类有节日，几乎所有的人类文明都设有节日。对于儿童来说，节日就像是一些闪闪发光的日子，但对成人来说，节日的首要意义在于其文化和社会的功能。在本质上，节日是"特殊的日子"，就像礼堂、祭台、纪念馆是"特殊的场所"。作为归属于人的时间，节日带有典型的"自然的人化"的色彩，一方面，节日发生在一定的自然时间之上，就像礼堂、祭台、纪念馆建立在自然场所之上。时间最初作为宇宙的时间、物理的时间，是自然的。例如，节日的循环特征就来自宇宙时间的循环特征，即天体的循环运动和气候的循环往复。相比其他国家，中国有大量与自然节气相关联的节日，这与中国传统文化强调人对自然的顺应、感应密切相关。另一方面，节日是文化现象，是在人的操劳过程中对丰收和休憩的礼赞，它给自然的时间打上了人的烙印，如同人给自然时间别上的纹饰，使某个平常的日子具有了别样的韵味。这种人化的特点，体现为人的时间的作为"叙事时间"的本质。节日总是意味着故事，节日的题材往往与人的历史和观念有关，或者是人的思想观念的某种外在表现形式。宗教、神话、重大历史事件都是节日的来源，属于对人类意义重大的故事。

因此，节日设立的目的之一就在于纪念，以辅助人们铭记对人类重要的故事情节。节日本身是一种重要的记忆工具，就像纪念碑之于人类社会。作为记忆工具，节日记忆是对日常生活和交往中的记忆的重要补充和疗救。在日常生活中，我们忙于应付眼前之事，因而特别关注那些重要或不重要的紧急之事，容易把那些不那么紧急的重要之事抛在一边，因此我们需要为自己提供一些契机或条件，以将目光从眼前之事移开，去回顾和展望那些重要但遥远之事。绝大多数文化中都有设立重大事件周年纪念日的做法（尤其是整数、逢五逢十），这种做法源于人们回顾和展望的需要，整数不过是一个无关紧要的契机。如果不是安排这样特定的日子，人们可能也不会专门会纪念和反思它们。在纪念节日的特殊节点，人们抚今追昔，重忆和纪念过去的重大事件，并且为接下来的行动定向。"不忘初心，牢记使命"可以说是对纪念日或一些官方、政治节日的基本功能的准确概括：一方面回首过去，从开端出发；另一方面牢记目标,"向终结存在"。诸如抗日战争胜利70周年,新中国成立、中国共产党成立整数周年,都有着这样不可替代的功能,它对塑造共同体的认同感和凝聚力有着重要的作用。千禧年被大张旗鼓地讨论,并非这一年本身有何特殊,而是我们需要这样一个契机,让我们能够从大尺度上去回顾人类历史和展望人类未来。有些人批评说,现在设立的父亲节、母亲节有些矫情,人若是孝敬爸妈,每天都是父亲节母亲节。但是,尽管尽孝是日常之事,但人们平常不大会想到专门去表达这种情感,而节日的设立为我们表达和释放这些情感提供了条件。这就类似于,尽管一般的劳动用具也具有记忆工具的功能,但我们仍然需要一些如纪念馆这样的专门记忆工具。

  纪念、记忆和展望只是节日所承担的社会功能和人的心理需求中的一种。凡是有着深厚群众基础和悠久历史的节日,总是因为它们满足了这样或那样的一些深层需求。例如西方的圣诞节和中国的春节,其核心的功能都在于为家庭的欢聚和情感交流提供了时间和空间的容器,尽管其设立之初有着更特殊的意图。所以,虽然西方世俗化倾向越来越强,但作为宗教节日的圣诞节依然举足轻重,就是因为它现在更多地承担了这种不可替代的世俗功能。再比如说,我们有对逝去的祖先和亲人的怀念之情,这种怀念之情需要有一个确定的机构或建制去盛放它,于是人们设立了清明节以寄托或排遣人们的这种情感。人们设立诸如教师节、护士节等职业节日也是基于这种需要。在农耕文明时代,许多重要的节日和节气是和农业生产相关,为它服务的。当这些社会生产基础日趋消失,这些节日的生命力也将不可避免地减弱。但是，只要人生活在大地上，和自然万物有着息息相关的关联，这些节日就依然对人们富有意义。

节日是为了加强记忆，而记忆也能滋养和丰富节日。记忆建制和记忆之间有着相互强化的作用。因为清明节、中元节等节日的存在，人们与祖先、历史的联系，对他们的记忆更加强化，同时因为这种情感需求根深蒂固，又使得这类节日更富有生命力。有的节日会渐渐消亡，而有的节日能长盛不衰，其原因都应该从该节日的社会功能和情感基础出发去寻求解释。我们可以预见与农业耕种和自然节气有关的节日将日渐式微，是因为工业时代的时间已经与自然的时间越来越脱离了关系，生物周而复始的枯荣被敉平为同质化的工业时间。传统文化受到现代文明的冲击，必然导致传统节日的文化基础受到破坏，官方的倡导和制度的支持固然可以延缓这种趋势，但却很难从根本上改变它。春节尽管有着昭示自然节气的一面，但它在今天承担了更重要的家族团聚和情感维系的功能，因而依然有着强大的活力。在交通发达，人们聚少离多的现代社会，这种团聚的意义不但没有削弱，反而更加凸显了。

人们不必一味哀叹某些节日的衰败，因为任何文化产物都有其生命周期，不同时代会创造出属于各自时代的节日，就像不同的时代，总会有属于他们时代的艺术。

节日不仅在时间上有沟通古今的作用，在空间上还有维系共同体的粘合剂作用，我们没有比在传统节日的时候，更能感到自己是社会大家庭的一员。在节日的时候，人们特别能感受到"共情"的存在，共情不同于个体之间的移情，移情是想象他人的心理，以己之心度人之心，而共情则是一起经历相同的情感和心理，并且彼此的心理产生强烈的共鸣和相互影响，让彼此体会到一种"一体感"。所谓的节日氛围，从外在上说，只是节日的装点、仪式的隆重与否，但从实质和内在上说，就是人在这些环境下所产生的一体感。例如，在春节时，家家户户贴春联、放鞭炮烟花、祭祀打扫、吃团圆饭，这些外在的装点和仪式就营造了一种节日的气氛，人在这些外在事物的作用下，就会激发一种相同的情感，感受一种相同的记忆。在节日的时候，我们好像生活在一个和平常不同的世界里，在节日时，孤单的人会更孤单。人是群体的动物，共情对人有着令人难以想象的巨大作用，因为人容易受到暗示，习惯于模仿，所以人们彼此的情感具有相互"传染"的作用。人在看到别人笑的时候会笑，看到别人哭的时候会受感动，人在群体中会容易进入癫狂状态，所以重大的庆典能够很好地激发人的情感，借助节日的游行和聚会，分散的人们将凝聚成一个整体。节日充当了社会的粘合剂。从某种意义上，节日是非理性的，不仅在于节日是经济上的非理性（大肆的浪费、往返的奔波），而且在于它激起的情感也具有非理性的特征。

共情的实现，一方面需要所有人一起共同经历事件；另一方面要求特定的外在环境的影响。在节日中，就体现为受仪式等节日精神的"外化物"的影响。如前所述，越浓的节日气氛，就需要越复杂的仪式和象征物的装点。在这里，仪式很好地彰显了空间与时间之间、意识的外化（物化）和活的意识之间的相互作用。例如，很多职业都有制服，并且对其制式和穿戴都有严格要求，在进入该职业前，都有一套相应的仪式或典礼。表面上看，这些都是纯粹形式化的、"花里胡哨"的东西，人们可能会认为，重要的不是形式，而是实质。例如反驳说，有的人表面功夫做的很好，文质彬彬、谦和有礼，但却不是个好人，有的人表面粗鄙无礼，但却品格高尚。一个军人风纪不好，一个医生没按规定穿好白大褂，不妨碍他们英勇地上阵杀敌或救死扶伤。但不可忽视，这些形式化、仪式化的东西具有塑造意识的重要作用，正如节日对人们的思想观念有重要的塑形作用，所以形式和内容都很重要，节日的仪式和节日的精神相辅相成，"质胜文则野，文胜质则史"。当人们穿上军装、警察制服或白大褂时，它就在潜意识中提醒人们，他们不是在作为一个普通人而行动，而是作为职业的一员，需要履行职业的职责。外在物潜移默化地让人们用职业的标准去规范其言行。教师这样的职业则不适合采用通用的职业制服，因为教师的使命是塑造自由的人格，赋予人不同的可能性，因而规范化反而对思想起到一种有害的约束作用。在这方面，宗教特别擅长通过规范和仪式来潜移默化地影响人们的思想，例如基督教教堂的设计（长高比、尖顶、狭长暗淡的窗户）能够制造一种崇高感，其特定的仪式能唤起一种神圣感。佛教的持戒本身也是一种纯粹形式性的仪式，因为它是帮助我们证悟的手段，而不是佛义本身，"酒肉穿肠过，佛祖心中留"。但持戒为我们参悟佛理提供了清净的外在条件，避免人们受外在事物的错误诱导。因此，如果内在有问题或不够强大，可以通过仪式等外物来帮助，反过来，内在的思想也可以外化或外显以改变或改造外在，就像人们说的，读书可以变化气质。同样，节日的各种仪式和装点，乃至节日本身（因为节日本身就是形式，节日所希望传递的观念或实现的功能才是其内容），既是人们的意识或观念的外化，同时也对人的意识和观念具有塑造作用。所以节日的装扮和仪式的设计，是制造节日气氛，传递节日精神的不可或缺的手段，所谓"生活需要仪式感"。前些年禁止燃放烟花爆竹的政令，就受到人们的诟病，人们指责这导致了年味消失，使传统节日的气氛受到破坏。不过照我们看来，对于传统春节精神的传递来说，烟花爆竹并没有承担不可缺少的功能，因为它不是特定含义的象征物，只是增添了热闹的氛围。而这是很容易被替代的，例如改由政府在指定地点和时间燃放大型烟花，就是很好的替代方式。从这个角度看，把燃放烟花爆竹当作旧俗改掉，也没什么不好。

最后，节日还是社会的减压阀，它通过以稳定的方式释放一定能量，从而使社会的整体能量维持在一定的安全水平，借此节日在社会中起着调节的作用。西方的狂欢节、云南等地少数民族的泼水节就是这一功能的典型体现，即便在很理性的中华文明中，重大节日也被宣称是"百无禁忌"，人们在节日里被允许做一些出格的事。节日蕴含着常态和非常态的转换。周末的假期（礼拜天）就是最常见的节日，它改变了日常生活的程序和轨迹，它意味着放假，意味着不再需要像往常一样从事学习、劳动和生产。因此，它给一成不变的日子带来了韵律和节奏。节日的最原始需求之一就是休息和放松的需要，借此人给自己的生活带来一定的改变，从而使枯燥艰辛的劳作变得更容易忍受。有人说，节日是不理性的，只是基于人的不理性，才会有节日。但正是因为人是并非纯粹理性的存在者，而是同时还有情感和欲望，所以节日才是一种合理的现象，节日是不理性的人类社会中的理性。因为日常的生活意味着理性的束缚，人们尽可能以理性的方式去安排生活，但这种一成不变的理性对人类来说是难以忍受的，所以人类需要给自己的情绪和欲望一个宣泄的出口，为此人类给自己设立了节日，让自己有了放纵和狂欢的条件。大多数节日都意味着对某些日常禁忌的解除。因此，节日总是带有特殊的氛围，可以说拥有一个特殊的时空，在这个特殊的时间里人可以偶尔发个疯，以使人类不至于真的发疯。我们可以猜测，节日是人的死欲、毁灭欲望和攻击欲望的释放途径，就像劳动和生产是人创造的生命欲力的体现。

今天，人们谈到的普遍的节日气氛的消失，就源自压抑（禁忌）和释放之间的奇特关系：压抑越普遍和越严重，则集中释放的需求就越强烈。如今节日的欢庆感越来越缺少，恰恰是因为平时的压抑和禁忌越来越少。例如，很多中国的节日与吃有关，因为社会物质贫乏，所以只有在重大节日里，人们才可以吃到这些珍贵的食物，现如今我们平时就可以很容易享用它们，这大大减少了节日的仪式感和意义。有关欲望的一个基本法则是，为了激发欲望、为了使欲望最大化，我们必须束缚和压抑欲望。例如，性对于人类社会的极端重要性，恰恰在于它总是受到压抑，它以掩盖的方式诱惑，因为它掩盖，所以它诱惑。限量版和饥饿营销的销售策略的本质就在于通过压抑需求来制造需求。在类比的意义上，节日就是人们设计的"限量版"的时间。如果节日越频繁，那么节日就越失去意义。在这个意义上，现代社会的节日必然会越来越失去其固有的重要性，因为使它显得重要的压抑越来越解除了。对于漫长的艰辛劳作来说，休憩的节日才是闪闪发光的，对于繁文缛节的日常来说，狂欢的节日是闪闪发光的。今天，闲暇的时间越来越多，限制和压抑越来越少，人们可以把每天都过得像节日一样。同时也正因为这样，节日就失去了它的魅力。节日的失色，是现代社会祛魅倾向的一个表现。但我觉得，人们大可不必对此抱有浪漫主义的乡愁，一个节日熠熠生辉的时间，不过映射了日常时间的灰暗枯燥，而一个节日失去特殊魅力的时间，恰恰是一个普遍健康快乐的时间。

归根到底，节日的时间，不过是人化的时间、归属于人的时间的一个特殊类型。因此，如果要理解节日，我们就需要更好地理解时间，而要更好地理解时间，就需要更好地理解人和人的生存。如果节日被异化，那它也只是人类生活被异化的一个表征。今天的节日越来越商业化，就是人的生活被消费绑架的一个表征；而今天各种官方的节日越来越多且流于形式，就是人的生活世界被政治权力、意识形态殖民的一个表征。要说清楚什么是好节日，可能像说明什么是好生活一样困难，但我们可以通过不断地对节日展开批判，以帮助人们走在正确的道路上。

在某种意义上，节日十分类似于一个被重复玩的游戏或一个被重复演出的剧本。我们可以假设，节日是由一些基本的游戏规则构成，这些规则主要包括仪式或象征物的装点——我们可以称它们为一些"共时性结构"。例如，春节总是包含一整套相对固定的步骤或仪式：置办年货、洒扫、祭拜、团圆、贴春联、放鞭炮、年夜饭、拜年、包红包，等等，所有过节的人每年都重复一遍这些程序，如同重玩一次游戏或重演一个剧本。这个游戏的关键在于游戏者的参与，即节日的灵魂在于节日的参与者，他们重复地"诠释"着节日，赋予节日以新的生命。因此，我们也可以将被庆祝的节日视作一个作品，所有参与节日的人，既是作品的创作者，也是作品的享受者。人们在诠释和欣赏节日的过程中，既释放了自己的人性，也更新了节日的形态：一方面，节日是人性的沉淀和体现，被传承下来的节日是有根基的，不是任意的创造，因为它们是先辈们的精神思想的外化物。不同文化的民族创造出不同的节日，通过这些节日来展示或释放他们的情感和思想，节日是民族文化的典型体现。要想直观地了解一个民族或一个文化的面貌，没有比参与他们的节日更方便的了。同时，今天的人们在参与节日时，也在更新和改变着节日的仪式和形态，这种节日形态的改变也是更新着的生命的折射。另一方面，节日又塑造和凝固了人的精神形态，让同时代的所有参与者参与到节日精神之中，受到这种精神的共同洗礼，也让不同时代人们的精神得到延续和传承。

痛苦、哀悼和葬礼

曾经有一句话"多难兴邦"很流行,同时也引发了争议。引起争议是因为人们认为,苦难本身是消极的现象,只有以苦难为契机,使之成为磨砺自己的条件,苦难才能转化为积极的。有人说,痛苦是一笔财富,但除非负资产也叫财富,除非痛苦是他蜕变的必要环节,否则肯定没法让人同意。

不过,假如我们能对"痛苦"持更普遍的定义,那么必须说,人成长的唯一方式就是经过痛苦,伟大的人意味着伟大的痛苦。就像海子说的:"我愿你们一生坎坷痛苦/不愿你们一帆风顺……/伟大的人装满痛苦的酒杯更大/他们开怀畅饮。"这里我们不把痛苦理解为痛苦的感受,而是理解为对自我的否定,理解为一种自我的裂变和突破的过程,走出自己习惯的"舒适圈"的过程。

痛苦和快乐本身"作为感觉"是很难被定义的。对自我的否定和更新可能不只伴随痛苦的感觉,也伴随着快乐的感觉。我们可以区分两种痛苦的感觉,一种是纯粹消极的痛苦,匮乏之痛,如饥寒交迫的痛苦,它很难给我们带来积极的意义,除非人以此为契机促发了某种转变;另一种是个体在成长过程中必要的痛苦，在自我的否定和突破中，既伴随着痛苦，也伴随着快乐和肯定的感觉。例如，当人们克服重重困难终于实现目标时，会谈到奋斗的"痛并快乐着"的感觉，此时，痛苦和快乐是一体的，它既是经受困难的痛苦，又是克服困难的快乐。汉语"痛快"通常被人们用来说明这种辩证关系。但我们不是要狭隘地把它理解为"先苦后甜、先痛后快"，快乐建立在痛苦的基础上，而是说痛苦本身就是快乐，奋斗本身就既苦又乐，它们像是同一个东西。在这个意义上，任何成长都同时意味着痛苦的过程，如同分娩。

有作为快乐而被经历的痛苦，也有作为痛苦而被经历的快乐。例如当一个人愤怒时，这种愤怒常常会伴随着一种隐藏的快乐，当人向他人发泄他的怒火时，他有一种隐隐的恶魔般的快乐。又例如，仇恨让人痛苦，但在有些时候，它同时又有一种让人不能自拔的隐秘快乐，正是这种快乐贯穿在复仇过程中，并且在复仇实现时达到顶点。神经症的痛苦往往是追求快乐的伪装形式，弗洛伊德曾经说，有些强迫重复是痛苦的，但它可能又遵从着快乐的原则。人仿佛有受虐狂倾向，会在受虐的痛苦中体会快乐。作为神经症的受虐狂可能在人性中有其基础，就是说，人性可能本身蕴含着受虐狂的倾向，只是大部分人还没有达到病态的程度。酒精、烟草等给人带来强烈快感的东西，最初往往伴随着强烈的不适。毒品据说第一次品尝时的感觉都是很糟糕的。辣在科学上被定义为是一种痛觉，但却让很多人有大快朵颐的快感。一开始给人愉悦感的东西，反倒很少让人上瘾。

当我们在快乐时，也就是说，当我们呆在自己的"舒适圈"

内，不断地重复自己时，我们不会成长；相反，只有当我们突破自己、挑战自己，不断地否定自己，让自己经受痛苦，我们才能获得成长。这就是黑格尔说的，事物发展的过程总是自我否定的过程，而否定总是伴随着痛苦。人的生命经验本质上只是通过痛苦才得以扩展的，快乐只是在重复我们的经验。人们会反驳说，难道我在快乐的时候没有获得新的经验吗？假如快乐不是指快乐的感受，那么的确如此。设想我参加比赛获得了胜利，并且因此感到快乐。如果我参加的是一个对我没有任何挑战的比赛，并且以没有任何悬念的方式获得胜利，那么这种快乐是不会增加我们的生命经验的：它当然使我们增加了一次事件的经验，但这种经验不过是重复之前的经验，因此经验并没有真正的增加。但假如这个比赛是挑战和克服自我的过程，是突破自己极限的过程，那么它就增加了我们的经验。此时，这种快乐同时也是痛苦。

如果痛苦超出一定的限度，超过自我的防御能力，痛苦就成为创伤。肉体上的伤口形象与精神上的创伤形象是一致的，都是让原有的（肉体或精神的）有机组织遭到破坏。当创伤较轻微时，我们清洗和净化伤口，辅以一定的药物，然后靠身体自我疗愈的力量去修复它。不仅身体有自我修复的能力，精神也有自我修复的能力，有时候人们也将这种工作称之为"时间的奇迹"。人们说，时间会抚平一切，冲淡一切痛苦，没有什么过不去的。但这么说并不准确，因为真正进行疗愈工作的不是时间，而是生命自身，时间只是有机体完成修复工作所必须的条件。因此与其歌颂时间的奇迹，不如歌颂生命的奇迹。就像大地被战火摧毁，满目疮痍，一片废墟，但过不了几年，植物就会重新郁郁葱葱地长起来,动物和人类又会重新铺满大地。

当创伤相对较轻时,伤口愈合后,一切平复如初,仿佛什么也没有发生过,在精神上,这被叫作"遗忘";但如果创伤较深,那么总是容易留下疤痕,伤口处再也不能完全回到从前,在精神上,这被称作是"记忆"。当创伤未能愈合时,这种记忆是糟糕的、病态的,在精神上就表现为人被过去所纠缠,如创伤后应激障碍或创伤神经症,后者的典型体现就是精神分析学上所称的"强迫重复"。这些创伤记忆或者被压抑到无意识当中,例如在梦中反复出现(重现过去的噩梦),或者在意识中"事后地(后遗地)"以神经症的方式表现出来,就像利科说的,"世间有多少暴力是用付诸行为去代替回忆啊!"如果创伤最终修复并留下疤痕,我们就把这种记忆看作是健康的、正常的。

心理创伤完成愈合但留下伤疤的过程,对自我来说,就是"哀悼"和哀悼完成的过程,对他人来说(如果伤害是由他人造成的),则是谅解和宽恕他人的过程。因此,对他人而言,第一,如果伤口没有愈合,就是"记忆且不宽恕",这意味着仇恨和复仇,被仇恨纠缠也就是被过去所纠缠。所以,我们把宽恕与和解首先看作一个自我解放的过程,它对受害者有时比对施害者还要更重要,只有宽恕,受害者才能得到自我解放。第二,如果伤口愈合,和解完成,但留下了疤痕,这被称作"宽恕但不忘却"。例如,在"南京大屠杀遇难者纪念馆"里所铭刻的那句话,"可以宽恕,但不可以忘却"。第三,如果宽恕并且没有留下痕迹,就属于"宽恕并且遗忘",仿佛一切没有发生。

人们今天普遍认为，"宽恕并且牢记"是正确的、值得提倡的和解模式，而"记忆且不宽恕"和"宽恕并且遗忘"都是有害的模式。在我看来，把"宽恕并且遗忘"视作有害模式是很值得商榷的。首先，我们至少可以认为，对于较轻微的伤害，我们应该宽恕并且遗忘，在这里宽恕并且牢记可能恰恰是不健康的，就像身体的小伤口不会留下任何痕迹一样。如果有人无意踩了你一脚，或因一时激愤而冒犯了你，我们应该原谅对方，并且很快将这事抛之脑后。如果总是对别人的冒犯或亏欠牢记于心，未免不够宽宏大度，即便这种牢记已经不伴有情感色彩。其次，即使对于严重的伤害，如果能够宽恕并且遗忘，我们是否应该像尼采那样，将之看作是精神强大的表现，而不是看作是背叛的表现？

人们反对遗忘的理由是，牢记意味着从历史中汲取教训，以便将来重蹈覆辙，但对于创伤的极端事件，由于其缺乏典型性，其教训价值是很有限的。更重要的是，问题完全不在于它能给我们带来什么知识论意义上的教训，这些教训我们总已经从无数事件中得到了，一场战争给我们的教训，和历史上无数次战争所给出的教训没有什么区别。"人从历史中汲取的唯一教训，就是不会从中汲取任何教训。"如果我们今日要牢记中日战争，牢记日本侵华对中华民族造成的苦难，这完全不是要说记住教训，而是说要牢记债务，只有在和解没有真正实现以前，在正义没有恢复以前，忘却才意味着背叛。这里我们可以仿造克林顿的一句竞选名言："笨蛋，问题在于债务，而不是教训。"例如，有人欠了你一万元，那么你牢记这笔债务，不是为了从中汲取所谓"不要借钱给别人"或"欠债要还钱"的教训，而在于记住这笔债务以便追偿债务，从而恢复正义。如果和解已经实现，债务已经偿清，一方请求宽恕并且另一方给予了宽恕，那么是否记住可能并不是特别关键的事情。如果对方已经还钱了，我想我们不见得非要记住别人曾欠过我们钱。

当痛苦和创伤不涉及他人的责任，而只涉及与自我的关系时，问题就与哀悼有关。也就是说，与他人有关的和解，叫作宽恕；与自我有关的和解，叫作哀悼或者说哀悼的完成。如果重大伤害是由他人造成的，那么在与他人和解的任务完成之后，还有一个巨大的与自我和解的任务要完成，这样我们才能彻底放下过去的包袱，重新面对未来。人们也把这个称作"舔舐伤口"。例如，当一个人成为某刑事犯罪的受害者后，他首先追求的是正义，即等待罪犯伏法接受惩处，等待罪犯道歉，并最终谅解对方；但在此之后，事情并没有结束，他还必须面对自己一片狼藉的生活（例如成为残疾），他需要慢慢地学会"接受"这一不可改变的事实，并且鼓起勇气重新开始生活。失恋的人，也总是不可避免地要经过这一哀悼过程，与过去的那段感情告别。哀悼的过程，本质上是对失去所爱对象的一个告别过程，用精神分析的术语说，是欲力的贯注能量收回的过程。典型的哀悼就是对亲人好友逝去的哀悼。

这个过程通常也要经历类似于宽恕那样的两个阶段：一是集中释放情感的哀伤阶段，此时我们需要暴露伤口、清洗伤口，而不是去压抑它（匆忙地缝合它）。哭泣是很常见的宣泄方式，反思、讲述、分析是另一种主要的哀悼方式。将创伤表述为语言，转化为可被讲述的故事，这是让精神能量得到卸载的重要手段，它类似于对我们的痛苦加以埋葬。纪念的过程就

痛苦、哀悼和葬礼

是葬礼的过程。为什么语言的讲述具有这种神奇的力量呢？因为语言的本质是"理解"、将他异的东西内在化，将无意识转变为意识，使之被主体占有，成为主体自身的一部分，消化它。因此讲述的过程也就同时是消化痛苦的过程，是使无法排解的情绪和力量变得透明化的过程。通过讲述自己的苦难，将所爱对象的失去表述为一个故事，我们就同时为它赋予了某种可理解性和某种意义。每个人都会有这种感觉，当在别人面前讲述自己的痛苦后，痛苦大大地减轻了，他好像卸下了重担。这就是话语疗愈的力量，即便不是对别人讲述，对自己讲述，情况也是如此。类似地，一个怀抱某种理想或雄心壮志的人，为了让自己实现这个目标，他最好将理想视作自己最大的秘密，在沉默中积蓄力量。因为当他到处讲述自己的理想时，实现理想的力量就减弱了它的动力。一个怀抱仇恨的人，当他到处讲述自己的仇恨和复仇计划时，他会感觉自己好像已经实现了复仇，复仇失去了力量，仿佛言语替代它完成了复仇。所以鲁迅说："当我沉默着的时候，我觉得充实；我将开口，同时感到空虚。"据说有些侦探在探案的过程中，需要将整个案件、将所有线索深埋于心，让它在心中发酵，以让自己对破案保持足够的敏锐。当然，需要注意的是，我们不能夸大真相和讲述的力量。单凭真相不能让我们自由；单纯的讲述、对话不能实现和解，和解需要以正义的恢复为条件。就此而言，语言的力量又是有限的。南非真相与和解委员会所开展的民族和解运动，最大的问题是只有对话和真相的讲述，而正义的恢复做的还远不够，这不利于问题的彻底解决，反而会留下隐患。有许多民间故事会讲到，如果死者生前遭受冤屈，那么死后也不得安宁，会化为"冤魂"

249

纠缠活着的人。这些故事表明，只有沉冤得雪，正义恢复后，真正的和解才能完成，这是和解的最初和最首要的条件，其次才是语言和真相。

文字是情感的葬礼。如果不能将伤痛转化成语言或文字，就如同未将亲人安葬，死者的幽灵鬼魂将继续纠缠着活着的人。悼文写作往往面临一个两难的困境。除非很早就有死亡预告，为我们做好了充分的告别准备，否则死者去世，最亲近的人往往无法写下任何纪念的文字，这时痛苦压倒了一切，使对痛苦的理解和讲述变得不可能。那些很快就写悼文的人，多半并没有什么深切的悼念之情。但是，如果哀悼已经完成，情感已经平复，那么纪念文字将失去它的力量。对此，文学中有个词叫"哀而不伤"，这是两者之间的最适切状态。写作者既要情感饱满，又要与情感保持一定的距离，这样才能最恰当地呈现情感。

人类的葬礼体现的不仅是对死者的尊重和悼念，更是人类与自己和解、生者与死者和解的仪式。如果缺乏这一过程，生命就很难放下过去的重负而继续前行。在新冠肺炎疫情期间，为了避免传染，很多人在没有和亲人好好告别，没有完整的哀伤葬礼的情况下就永远失去了亲人，这对在世者的心理健康造成了巨大隐患，他们将需要更长时间从痛苦中走出来。"文化大革命"后的伤痕文学，就是这一情感需求的反映，它是一代人的集体疗伤。当我们阅读别人的故事时，我们从中看到了自己的故事，我们在感动和哭泣中得到了宣泄和清洗，我们获得了对伤痛的理解，赢得了面向未来的力量。

二是在最初的哀伤阶段之后，我们就将处于和解并且牢记的阶段。此时激烈的情感平复下来,但我们并不忘记,如同我们每当清明的时候都去悼念死去的亲人,只是我们不再让它们妨碍我们的生活,我们在过去的要求和未来的要求之间达成了妥协、和解。此时,始终会有一种健康的、正常的哀伤伴随着我们,它标记着我们对死者的忠诚。安葬只是意味着将记忆和痛苦的重负寄托在一个地方,放置在一个地方,而不是将它清除。如果如我们前文所说,一切经验的增长都是通过痛苦来实现的,那么可以说,人类的一切记忆最初都是不同程度的创伤记忆,于是,我们所有的历史讲述都是对过去的哀悼。人类的历史编纂就是人给自己的记忆造一个坟墓以安葬它们,将它们安葬在语言和符号中,从而减轻我们记忆的重负。这种安葬就意味着我们可以常常如扫墓般回顾它。

但是注意,这种工作不能完全免去我们记忆的责任和哀伤的责任,在某种意义上,我们永远需要背负着他们,为他们保留心中的一个小小的位置,让他们激励着我们,作为我们内心之中的他者去活动,使我们保持敏感,保持正义。一个母亲在头胎孩子去世后,为了减轻痛苦而很快再生一个,这是对死去的那个孩子的背叛和不负责任。当人们说,"请不要拿掉我的痛苦,痛苦是他留给我的唯一的东西"时,痛苦就是责任。在这里,克服痛苦不已经是一种不公正、一种背叛吗?当尼采说:"一切杀不死我的东西让我更强大"时,痛苦就功利化了,被诠释为"那使我更强大的东西"。但有另一种对待痛苦的态度,就是不应进行哀悼,而是去经受痛苦,激活痛苦,把哀悼和哀悼完成视作一种背叛。我们拥抱痛苦,在痛苦中我们感到自己存在,在关于亲人的痛苦中我们感到亲人存在。不是去疗愈伤口，相反是让伤口暴露在空气中，让伤口保持敏感。

这里，我们应该采取哪种态度，恐怕不会有一个标准答案。孔子讲尽孝道需要"三年之丧"，即要三年处于痛苦和哀伤之中，这才是对死者的忠诚。宰我说，三年太长了，我还有自己的生活呢。孔子问宰我，你不守孝心安吗？你要心安，不守孝三年也行。"夫君子之居丧，食旨不甘，闻乐不乐，居处不安，故不为也。今汝安，则为之！"不过有意思的是，"宽容"的孔子转头就对别人说，宰我这个人不仁。而与儒家不同，庄子在亲人去世后，却选择了"鼓盆而歌"。我们应该怎么选择，取决于我们想成为怎样的人，或我们想生活在怎样的世界中，而关于好的人和好的世界是怎样的，恐怕不会有什么标准答案。"汝安，则为之"。因为这里需要人自己去选择，并且去承担其后果，毕竟，人是被"命定"自由的。一般而言，我们会认为，完全忠于死者而忽略了生者的要求，或只考虑生者的要求而忘却了对死者的责任，都是不恰当的。例如，在十分注重记忆责任的犹太民族中，也认为过早下葬火化和木乃伊式保存尸体过久都是不合适的。

倾听语词的秘密：词源学

词语是什么？无疑，词语就是我们每天在用的东西，我们从小在日常生活中，从父母的口中听到和学会的东西。我们翻开《现代汉语词典》，里面有上万的词条，每一个词语都有它的意思，如果我们懂得了这些词语的意思，会用这些词语来表达我们的思想，我们就掌握了这个语词。事情好像就这么简单。

仅仅如此吗？

然而，如果我们说：每个语词都有自己的生命，它有自己的秘密，自己的历史，有自己的诞生、衰老和死亡。如果我们说，语词记录着不同时代的脉搏，它会被污损又会自我净化，或者如果我们说，每个语词都是一个秘密的宝矿，里面深埋着挖掘不尽的矿脉，这样的说法是不是显得完全不可思议？

但这些正是海德格尔对语词的看法。他的一个学生，另一个伟大的哲学家伽达默尔曾这样评价他的老师："海德格尔能把语词、概念当作整体的世界来理解"，他是一个"魔杖的探矿者"。用我们的话来说，海德格尔善于倾听语词的秘密。

语词有何秘密？回答是：语词中藏着过去的世界和过去

的人的秘密。语言就是逻各斯,而逻各斯就是"采集"和"使公开",即每一个时代的人,他们生活在他们的那个世界,对世界有所经验、有所思想、有所认识,他们就会把他们所采集到的思想内容,固定在语词当中,并把它公开出来,使其他人能够分享,就好像把他们采集到的珍宝封存在语词当中。在漫长的历史当中,语词的含义不断地发生变化,语词不断地诞生和死亡:人们学会用旧的词语,来表达新的意思,人们还可以创造出新的词,当然,也有很多词被我们废弃不用了,特别是,人们还可以在不同的情况下,让同一个词具有不同的意思,彼此之间含有细微的差异。这样的话,每一个语词就具有一个长长的历史:它伸展到苍茫昏暗的古老时代和使用它们的祖辈的生命经验之中,并且还有向未来开放无穷的可能性。

我们今天使用的每一个也许很平常的词,背后都有着深深的历史积淀,它是《诗经》用过的词、孔子用过的词、庄子用过的词、唐诗宋词用过的词,它像一口古钟,你敲一下它,都能听到历史悠久的回响。千百年前古人写的字句,仍然能直接地击中我们的心扉,就是因为我们的祖先,通过这些语词,早已把它们的生命经验封存在这些语词中,传递给我们。这就是为什么一个民族的语言,是这个民族文化传承最重要的血脉。

语词的这个历史,伽达默尔称为"概念史"。哲学的最主要的事情之一,就是分析概念,分析它在不同历史时期的人们那里、在不同的思想家那里,人们采集和固定了什么样的真理。而伽达默尔的概念史分析,是从他老师海德格尔那里学来的,海德格尔把它称为"词源学"分析。所谓的词源学分析,就是回到语词意义发生的根源之处，倾听语词所采集到的最本源的真理内容。这种分析不是一种对历史的单纯癖好，好像我们仅仅喜欢收集各种不同的词义，把它们整理成一个词义变迁史，而是要借此认清我们的处境和我们的命运，因为受传统而来的那些词语和其中真理，不是我们可以随意处置的东西；它是我们的命运，如果我们不懂得先辈的语词和它所收获的东西，我们就不会思想；我们只能用它去思想，在它的基础上去学会重新思想，并且学会在新的时代处境中让它转化成新的意义。

哲学家的工作在一般人看来也许是荒谬的：他们既不做实验，也不对自然或社会中的特定对象进行观察和研究，他们只是整天坐在书桌前看书，关在房间里或在小路边散着步地思考。他们好像是一台机器，一端接收书本信息，经过大脑的搅拌混合，然后从另一端输出所谓思想的东西；或者拼命压榨他们可怜的大脑，凭空玄想出某种灵光一现的东西，然后还要声称这些东西可以为所有其他学科的知识提供基础和指导。美国一位当代哲学家威廉姆森把这种哲学家做哲学的方式称为"坐在扶椅上"的工作。那么，如果说哲学家并不直接研究现实对象，那么他们处理什么呢？其中一个回答是：他们处理语言。

然而语言就是世界。因为我们所能获得的一切思想，最终都必须通过语言才能够表达出来，或者说，我们根本没有无语言的思想。世界的边界和语言的边界是同样宽广的。语言学家洪堡说，语言就是世界观。如果你声称你有一个思想，但却说你现在还没有为它找到语言形式，这种说法是荒谬的。你表达不出这个思想，恰恰证明你还没有真正获得这个思想，你顶多模模糊糊地预感到一些东西而已。语词就是光亮，它把思想带到有光的地方，这样思想才得以被我们看见。没有语词的世界，对我们来说还根本不是一个世界，因为它根本没有对我们显现。对此，海德格尔有一句被广泛引用的话：石头没有世界，动物没有世界，只有人才有世界。因为只有人才有语言，而只有语言才会使得世界得以显现，所以人才有世界。海德格尔说："因为词语把每个物保持并且持留于存在中。倘没有如此这般的词语，物之整体，即'世界'，就会沉入一片暗冥之中。"

人们曾错误地以为，思想可以没有语言而独立自在，而语言是思想的一件可以随时脱下或换来换去的外衣。事实正相反，是语词才第一次让思想成为思想，语词和思想是同时显现和不可分割的。也就是说，思想总是通过语词才第一次被构造出来的。用不同语词言说的人，其实是用不同的方式思考，或者说生活在不同的世界之中。例如，英语的"dog"和汉语的"狗"，它们的含义并不是完全同一的。汉语的"狗"的真正含义，只能通过"狗"来表达，而不能通过"dog"来表达。"dog"意味着英语文化界中的狗：可爱的，有着各种良好品质的，以宠物形象为典型的狗。而汉语的狗的含义则是另一番面貌。也就是说，不同语词的意义，都深深地植根于该语言共同体的整体文化和世界之中，并在其中各居一个特定的位置，因此极而言之，它们是不能直接转换的。语言在根本上是不能翻译的。因此翻译总是在承认不可译的情况下的勉强为之：翻译是一个转换，它必须通过某种解释的方式才能完成，因此翻译一方面必然要损失一些东西，另一方面又必然要增加一些东西。任何翻译作品，总是同时是作者和翻译者创造性活动的产物。

既然语言就是令世界存在，那么对语词的分析，就是对存在的通达。给一个事物取名，用语词来命名事物，这就是一个根本性的事件，如同上帝最初用语词创造世界："上帝说，要有光，于是就有了光。"命名使该物第一次获得它的存在。诗人最懂得这一点，因为诗人就是给万物命名，让万物得以存在的人。一首好诗，常常让我们用新的方式去看世界，或者更准确地说，让我们发现一个新世界。而诗人是通过重造语词来实现这一点的：和发现一个新世界相对应，诗人赋予语词以新的意义。因为语词在日常的使用中会被磨损，语词原有的力量会削弱，如同用旧了的货币，而诗，能够擦亮语词，改变其习俗的语境和用法，使新的意义得以显现。

如此的话，物和存在第一次被命名的时刻，就是一个决定性的时刻。词源学就是深入语言诞生的渊源处，去重新赢回被第一次获得的宝藏，去倾听语词的秘密。在海德格尔看来，开端必定是不同凡响的，因为开端规定和贯穿着之后的整个过程，就像花和果实被种子所规定和贯穿（橡树的种子必定只能开出橡树的花和果）。语词第一次被命名时，它所规定的内容，以及引发它的动机，将持续地规定着后世的思想。词源学分析之所以被当作一种哲学和思想的根本方法，就在于在语词的发源处以及在语词的流传处，将最本质的东西向我们显现出来，在不同的时代和历史之中，它们经受了自己的命运。这种命运规定了我们今天的思想方式。

为了更好地理解这一点，我们不妨跟随海德格尔的一个具体的词源学分析（对"哲学"的词源分析）中，以此为例，去看看海德格尔如何借助词源学去收获语词所带给我们的秘密，去倾听"哲学"的本质规定的。

在海德格尔看来,"哲学究竟是什么?"这一问题必须通过历史地思考才能回答。这个问题对今天的我们来说已经晦暗不清,因为问题的困境在于:要知道哲学是什么,要先看到哲学所指涉的"那个对象";但如果不知道什么是哲学,我们又如何知道我们看到的"那个对象"正是哲学,因为很可能我们虽然看到过"哲学",但却熟视无睹没有认出它来。因此要知道我们看到了"那个对象",必须先知道哲学是什么。如何解决这个死循环?在日常生活中,直指定义可以很简单地解决它。例如,要想知道树是什么,只需当我看到树时,有人指出"这是树",于是概念的本质就获得保证了。由此可见,最初的命名行为乃是进入这种追问游戏的恰当办法,因此"哲学是什么"的问题首先要从希腊人命名哲学的开端出发,即哲学这个词的起源出发,追问必得顺着该词的历史命运,从源头那一直走下来,否则我们就会失去抓住哲学本质的线索。

由于哲学是第一次在希腊人那里被命名的,因此海德格尔要求我们"希腊地倾听"。按照他的分析,希腊词 φιλοσοφία(哲学)在赫拉克利特的第一次命名时,包含着两个规定:"热爱"和"以逻各斯的方式去说话"。这就是他们第一次所固定的真理,这个真理将作为根源和动力而一直贯穿整个哲学史。热爱什么东西呢?答案是:存在者之整体(一切存在者在存在中)。"正是存在者被聚集于存在中,存在者出现在存在的显现中这回事情,使希腊人惊讶不已。"赫拉克利特以 φιλοσοφία 定义被"那个对象"所激起的热爱、惊讶和沉思。这就是哲学第一次被定义时所固定的东西。因而哲学在其原动力上,乃是惊讶、热爱和沉思。但海德格尔说赫拉克利特和巴门尼德首先是更伟大的思想者,而不是哲学家。仅当人们对"存在者整体"询问"存在者是什么"并给出回答时,思想才成为哲学。因此,哲学是对思想的扩建,是在惊讶和热爱中,被沉思到并被确定下来的东西。苏格拉底和柏拉图完成了这决定性的一步,因为他们最先给出了存在者是什么,从而成为最先的一批哲学家。在海德格尔看来,哲学家的使命就是:"就存在者的存在,去探索存在者是什么。"例如对亚里士多德来说,哲学是关于对世界的第一原理的和原因的抽象认识。柏拉图以后,整个西方哲学均在这样的概念框架下思考"那个对象"。

但在这个词源学的分析中,我们所倾听到的东西,绝不仅仅是多种多样的哲学的定义:借此我们积累了知识。这是一种外在的、历史学的回答,类似于一个人从未见过书,他收集前人对书的定义,然后找出抽象一般的东西——它注定会是空洞的。我们应该做的,是要借此让我们懂得去哲学地思考,即哲学化。我们何时才哲学化呢?仅当我们像以往的哲学家一样去沉思那个对象,并与哲学家对话之时。例如,对"书"的哲学化的思考,首先要对书"那个对象"有所见、有所体认,然后在与他人对书的定义中展开辩论,并力图贡献自己新的经验。因此,所有的思考总是意味着两件事情:第一,在别人的基础上思考,通过向别人学习来学习思考。这就类似于,我们通过别人的指认,去认出那个对象,并且借此自己看到那个对象,以及将别人思考过的东西再思考一遍;第二,和别人一起思考。我们学会用自己的眼睛去看那个对象、用自己的心智去思考那个对象,借此我们能够看到新的和不同的东西,并且原创性地思考,为文化共同体贡献新的观点。

因此，"哲学"的词源学考察告诉我们的是，我们必须看和惊讶于"存在者之存在"（它是"哲学"这个词指称的"那个对象"），与之相遇，然后响应它。"只有当我们保持与哲学传统传递给我们的那个东西的对话时，我们才进入'与响应'。"什么是哲学这一问题，能够通过与作为存在者之存在而传递给我们的东西的对话而获得解答。由此，我们就行进在哲学的道路上思考这个问题，而不是在哲学之外，以非哲学的方式去学习一些死的知识。

因此，这种词源学分析，在根本上不同于一般语言学上的词源学分析。后者是科学的研究方式，即研究者把研究对象当作一个静态的对象，客观地去把握它。语言学家只是静态地考察某个语词含义的历史，采用的是纯粹语言学考据的方式。西方把这种研究归在"语文学"范围内。而海德格尔并不是纯粹的语言意义的考据，而是哲学地倾听，这必定要采取解构的方式。正是因为有这个差异，所以海德格尔的词源学分析，往往不受语文学家们的待见，认为那纯粹是信口开河，用自己的主观意思去歪曲古人的意思。

词源学分析必定是历史性的，而不是历史学的。历史学是一种科学的方式，研究者和他的处境是被排除掉的，与研究对象保持距离。例如，历史学家研究历史，要求不要把自己的主观性摆进研究中去，而要与研究对象保持距离，用一些定量和中立性描述等科学方法去规定对象。水不被描述为让"我"感到冷的或热的，而是多少摄氏度的，"大多数人"觉得冷还是热的。但历史性的方式，则是把过去的东西看成是规定着我的命运性的东西，我被过去的东西所占有，或者说，我从新的时代处境出发，以转换的方式重新占有过去的东西，然后对它加以更新。因此，历史性的分析，必定采取解构的方式。

但何谓解构呢？所谓解构，实际上包含两个过程：拆解和重构。拆解，指的是把历史上已经形成的固有的意义和理论拆解掉；重构，就是在新的历史处境之中，去重新构建它的意义。为什么需要拆解呢？因为过去语词的意义，当它丧失了过去的语境，它的意义就僵死了，或者说对我们来说就是错误的了。"马车是最快的交通工具"这句话在古代是对的，但在今天就变成错误的了。任何概念或理论都有固有的僵死的特征，就如同人们在当时为自己制作的衣服，衣服是死的东西，不是活生生的生命，因此当生命不断展开时，旧的衣服很快就不适用了。被书写和表达出来的概念和理论在脱离言说的口和思考的脑之后，就成为死的东西，它不再适应变化的世界。因此，解构的通俗理解就是"解放思想"，解放思想的精髓在于我们总是需要解放思想，这是一个无止境的过程。

而重建，就是对古代的真理加以创造性的转化，使之重新获得新的生命。这意味着，我们需要去重新激活过去的思想和观念，给予它新的解释，甚至在有必要的时候，重起炉灶，去开启新的开端。当然，新开端总是不可能是绝对和彻底新的，因为我们不可能抽掉我们站立于其上的基础，比如说我们使用的语言，以及语言所传递给我们的东西，即使假装抽掉也不行。像笛卡尔那样的重新开端的设想注定是不可能成功的。在思想中，人们总是一再地玩"借尸还魂"的游戏：我们用祖辈的思想遗骸，去颠覆父辈的思想，又或者用祖祖辈辈的思想遗骸，去颠覆祖辈的思想，而这些遗骸被注入的，却是我们今天这辈人自己的思想。当海德格尔用赫拉克利特、用前柏拉图的思想去反对柏拉图以后的思想时,他并不是重复赫拉克利特的思想,而是自己"夺舍"了赫拉克利特的思想遗骸。他对赫拉克利特思想的解读与赫拉克利特的思想是异质的,也理所当然地遭到了哲学史家的反对,但赫拉克利特的思想遗骸也不是海德格尔的伪装的外衣,仿佛海德格尔需要借助古人的招牌来增强自己的说服力,而是新思想是且仅可能是通过激活旧思想去思想。思想的创造有赖于活着的人和死去的思想之间的碰撞。

这样,任何作为解构的词源学分析,都是在传统基础上的创造和添加,是对传承下来的东西的"居有"和"转换"。海德格尔说:"解构的意思并不是摧毁,而是清除、肃清和撇开那些关于哲学史的纯粹历史学上的陈述。解构意味:开启我们的耳朵,净心倾听在传统中作为存在者之存在向我们劝说的东西。"

教育和洗脑

教育和洗脑之间有着十分微妙的关系。当我询问学生教育和洗脑的区别时，大部分学生倾向于以为，教育是传播好的、正确的观念，而洗脑是传播错误的观念。有一少部分学生能够想得更深，认识到教育是以提高人的思维能力和批判能力为目标，而洗脑则反之。

这当然有道理。但还可以再深一层。严格来说，教育和洗脑没有截然的区别。教育传播的观念之所以不一定是正确的，是因为我们以为正确的东西也许很快就被证明是谬误；洗脑传播的观念不一定是错误的，相反为了让人相信，它恰恰要包含很多正确的成分。的确，教育是以提高人的思维能力为目标，因此教育采取启发式的方法，通过让学习者接受不同的观点，在不同观点之间展开争辩，从而学会独立使用自己的理性以批判性地反思和思考，而洗脑则采取直接灌输的手段，让学习者被动地接受观念。据此，教育的核心观念在于康德式的理解：让人学会用自己的大脑思考，凡是没有经过理性的严格批判考察的观点，都绝不接受。

但是，与整体人类的知识遗产相比，个体的批判能力和反思能力是极为有限和微弱的。这意味着，知识当中的绝大部分都是我们未加批判地直接接受下来的，也就是说，它们是被灌输的。就此而言，如果洗脑指人未加反思地直接接受某些观点或知识，那么今天的教育就其绝大部分而言和洗脑没有区别。儿童从小接受教育，基本上是以被灌输／洗脑为主，他几乎没有能力分辨社会和学校灌输给他大部分观念，只是随着年龄的增大，他才慢慢地开始学会分辨和反思，并且学会独立思考和判断。因而，直到有一天他才开始去质疑和思考那些他曾经接受和直接信奉的观点。但与他接受的整个文化的庞大遗产相比，自我只能反思其中的一小部分，即便他是一个伟大的思想家，情形也不会有根本改变。

这就是传统巨大的力量。但传统是理性的对立面吗？是否未加批判地接受传统就是非理性？如笛卡尔或胡塞尔那样试图以一己之力为整个文明重新奠基和重新加以彻底反思，这是否是一个值得去追求的目标？答案可能相反。我们会问，传统难道不是过去理性反思的结果，不是一代代人批判反思的成就吗？没来由地给一切打上问号，对之加以悬置或怀疑的做法，或许反而是首先应该受到怀疑的？传统其实是理性的另一种表现形式。启蒙理性对传统和权威所采取的"有罪推定"原则是十分可疑的，这里"无罪推定"原则可能更合适，或许我们可以设立一个类似于奥卡姆剃刀（"如无必要，勿增实体"）的原则："如无根据，不要怀疑。"因此，个体的反思与传统的关系，可能是个体的理性与历史的理性之间的关系，而不是理性与非理性之间的对抗。

因此，从历史上看，启蒙运动非常类似于人在青春期的叛逆，人类迫切地想要尝试和肯定自己的力量，而拒绝监护者的权威意见。但如果他再成熟一点，他可能会放弃青春期的叛逆和偏执，他也许会说："大人／老人们有经验，听听他们的看法吧！"

在一个家庭里面，当家庭成员彼此意见不一致时，应该听大人、老人还是小孩的？答案很简单：谁有道理听谁的。如何分辨谁有道理？方法也很简单：谁能给出充分的根据，说服别人，大家就听谁的。这就是理性的法则。但由于个体的有限性和理性的有限性，我们常常会发现，谁也无法为自己的观点找到充分的根据。如果各有各的理，谁也说服不了谁，我们应该听谁的？答案则是：听权威的。家里面谁应该享有权威？那个在某个问题上更有经验，以往总是做出了更正确判断的人享有权威。一般来说，父母拥有对小孩的权威，但这个权威不应是天然的权威，而应该建立在总是通过明智的行动而得到孩子承认的基础上。

但再进一步，假如面对某个谁也没有经验的事件，大人和小孩都没有通过过往行动而树立起自己合法的权威，那么应该听谁的？答案则可能是：听大人的。一个老师受到尊敬，首先应该是基于他的行为所确立的人格，而不是他的职业。一个人不能仅凭教师的职业就受到尊敬，他应该通过自己的行为和人格证明自己而赢得尊敬。但是，假如他是一个新教师，他在某种程度上却仍应该仅凭自己的职业而受到某种尊敬，在他的行动还未向判断者表现出值得尊敬时，我们基于传统而来的老师整体的权威而尊敬他：我们对新老师的尊敬采取"无罪推定"原则。这意味着，一旦个体表现的行为不能再一次经受认可，他就不配尊敬。

在这里，职业、身份、"人设"都具有某种"剩余价值"效应，这种效应不是非理性的，而是基于更深厚、更有历史感的理性。例如，一个孩子抱怨说：两个人都没交作业，学习好的孩子说忘带了，老师说，没关系，明天带过来就好了；学习差的孩子说忘带了，老师不相信，说你肯定是没写作业。凭什么同样的表现，会有不同的反应？老师这明显是对好学生偏心，对坏学生有偏见。然而这种抱怨是没道理的。如果一个孩子以前很少撒谎，那么我们会再一次信任他没有撒谎，他通过过往的行为确立了他"合法的权威"，这种权威会给他带来剩余价值。而一个以往撒谎的人，在找不到证据的情况下，我们会倾向于认为他有更大概率继续撒谎。因此，把自己的"人设"定得很低，固然有更大的为所欲为的自由，但同时也为自己的行动带来更多的障碍，而经营好自己的人设，则可以为自己的行动带来更多的便利。

如此看来，"歧视"概念可能值得我们进一步思考。有些所谓歧视也许本质上不是歧视，而是自己历史行为所带来的效应。如果有一个群体到目前为止，一直表现出明显较高的犯罪率，那么在同等情况下，人们更倾向于对他们做有罪设定，这可能就不是歧视或偏见，或许适合用伽达默尔的表述说，这是"有根据的前见"。如果这个群体的犯罪状况已经大大改观，但人们依然固守过去的刻板印象，不实事求是地改变看法，那么这个前见才是真正的偏见或歧视；又或者是，尽管某群体整体犯罪率高，但这个群体中的个人在这个特定情境中已经有充分证据表明他是无辜的，而别人依然带着有色眼镜看他，这时候我们才可以说他受到了不公正的歧视。因此，有必要更仔细地区别什么是歧视、什么是合理的前见。名言往往因为是名人说的，才成为"名言"，不见得这句话就多么睿智，但这是名人的剩余价值效应：名人为了成为名人，需要以实际行动体现他受到承认的卓越见识。

设想一个孩子要完成将禾苗中的稗草拔出来的任务，他问母亲，什么是稗草？什么是禾苗？母亲回答：结果的时候是稻谷的是禾苗，不结稻谷的是稗草。但问题在于，孩子现在就需要作出选择，而我们目前没有办法从外观上区分它们（就像我现在没有证据知道某个人是否犯罪）。按照启蒙运动的观点，会导致这样的做法：既然这块稻田里有些不是禾苗，那么就全部拔掉，以便重新播种经过确认的种子。而按照解释学家伽达默尔的看法，就会导致这样的结果：既然现在没有批判理性证明它们是稗草的，因此暂且当它们是禾苗，等结果的时候看出它们不是禾苗的时候，再拔掉它们。启蒙运动把权威定义为"盲目地服从"，因而将一切加以怀疑和否定，固然没有揭示权威的本质，但伽达默尔将权威定义为"基于理性的认可"，也是很成问题的。我们怎么知道这种权威是理性认可而来的，还是强迫洗脑而来的呢？我们可能还需要分辨，这种过去对权威的认定是不是受到了意识形态的蒙蔽，是不是被权力压制的结果。但伽达默尔轻松地将理性认可了的称为权威，而将未受理性认可的称为专制，这是典型的马后炮式定义，在定义上就已经让权威置于不败之地了。

常识与逻辑

孔子在谈到自己的学问时，曾说过一句话："吾道一以贯之。"其实，不只是孔子的学说，可以说一切学问、科学所要求的，都是要一以贯之。一以贯之既是知识的最低准则，又是它的最高理想。说是最低准则，是因为一以贯之简单来说，就是不自相矛盾。因为只有不自相矛盾的东西，它才能够贯通起来。这个贯通，意味着从一个逻辑起点出发，从若干假设或公理出发，能展开整个思想体系，思想的不同部分可以彼此相互推论出来而不相互矛盾。矛盾律告诉我们，一旦有相互矛盾，就意味着其中必定有某个命题是非真理。人们平常说，读一本书要从厚读到薄，又从薄读到厚，就意味着能够找到那个贯穿整本书（知识体系）的逻辑起点（前提）和逻辑终点（结论），以及从起点到终点的展开过程。读到这种程度，他就能够从该书的任何一个命题出发，向前回溯到逻辑起点，向后推论到最终结论，整本书对他来说就聚集为一。在这个意义上，能够贯通地把握真理的人，他去学习意味着不需要记忆，而恰恰是忘记一切；如果他需要去记住某个论点或知识，恰恰意味着他没有贯通起来，该论点对他来说只是纯粹"事实"而不是"知识"。这里的事实对认识者来说是一种没有理由、没有根据、不被理解的东西。西方把真理的最根本的规定称作是"逻各斯（logos）"。逻各斯我们在今天一般翻译为逻辑，但是在古代，它的意思有很多，而它的不同意思也恰好都能够贯通起来：第一，逻各斯指聚集、采集，即它是能够凝聚为一的、一以贯之的东西；第二，逻各斯指话语、语言，我们在谈到语言时已经表明，它一定是某种把握、统贯性的东西；第三，逻各斯指理性，理性能够将杂多的感性材料凝聚起来。

　　人们今天讲，学习一定要是批判性地学习。这个批判的工作，某种意义上就是从对方的某个命题出发，去批判性地推论和展开，以检验其是否能够贯通，论证是否有效。所以马克思也简单地把哲学称作是批判，批判在这里就是揭示别的思想未能一以贯之的地方、自相矛盾或论据不充分的地方，然后加以完善或用一种新的框架去把握它。因此，所谓"教育就是忘记后所剩下的东西"可以有两种理解：一是我们要将学习到的东西，内化为我们的本能、直觉，促成我们能力的提高。就像一个人学会开车，就是达到忘记规则而又能富有分寸感地随机应变的程度。二是通过学习将所有东西内化为一：以批判性的理性力量去检验一切知识，一切不是经过自己独立理性思考并获得充分根据的东西，都不具有真理的资格，而一切经过该检验的知识，也就转化为自己内在认同的知识。这样，学习的过程就类似于植物吸收养分的过程：它不是将无机肥料直接保存（记忆）下来，而是将之转化为自身的内在有机的组成部分。这两种理解本质上也是贯通的，是一回事。因此，学习本质上不是记得一堆观点、公式，不是记得张三怎么说，李四怎么认为，而是形成自己的观点，通过批判性地学习前人知识，来丰富和完善自己的一以贯之的知识体系、框架。这里，无机和有机是很恰当的隐喻。有机就是一以贯之的、相互贯通的体系；无机就是单纯事实的记住或彼此外在的事实的罗列并置。人们说，当一个人通过学习，掌握了一堆别人的知识，成为"两脚书橱"时，他就会变得"越学越笨"，就是因为他的大脑塞满了不是自己的死的东西，而使自己的大脑越来越不能自如运转。

但是，逻辑一贯同时也是一切知识的最高理想。这么说是因为，严格来说，彻底的逻辑一贯对于人来说是一个不可能实现的任务，它是只有神才能够达到的高度。这个高度意味着，整个世界、整个生命对于人来说成为完全可理解的、完全透明的东西，它不再有任何神秘可言，而是完全可被操纵、可被复制。一开始，世界对于人来说，是完全混沌不透明的任意摆布我们的东西，人们为了了解、把握乃至利用（操纵）它，需要建立一整套观念、范畴、模型去把握它们、预测它们。因此，这些概念、知识、规律并非世界本身所具有的，而是人为了理解和把握它所依赖的手段和工具，或者说是我们为了让世界向我们显现所借用的中介。例如，自然界并不存在所谓的"植物"，植物作为植物，是人为的划分，是人把握对象的方式。因此，一种知识在何种程度上具有生命力，就有两个衡量标准：第一，它能够容纳和说明多大范围的复杂多样的事实；第二，它在解释这些事实时，内部是否足够融贯而不自相矛盾。例如，量子力学之所以超越经典牛顿力学，就是因为它在这两方面比后者具有更强的解释力。

但是，这两点在实际工作中通常是相互冲突的，不可能同时得到彻底实现。就像哥德尔不完全性定理所说明的，一个内部融贯的系统必定是不完备的，而一个完备的系统必定内部是无法融贯的。因此，我们会看到，很多思想家在工作的时候，往往在这两方面会有自己的侧重，进而形成自己的风格。例如，更追求逻辑一贯的哲学家，在思想上就表现出更严肃的彻底性，他要求将自己的论点彻底展开，以形成一个内部不自相矛盾的解释体系，在遇到逻辑和经验事实相矛盾时，他绝不妥协，而宁肯坚持思维的一贯性。典型的例子是贝克莱。严格来说，任何一个纯粹坚持逻辑一贯性的理论家，本质上都是"疯子"。鉴于人的有限性，人所建构的理论框架如果要贯彻到底，就必定会遭遇到事实的反抗。他如果想逻辑一贯，就不能解释一切，而如果他想解释一切，他就必定（常常是不自知地）自相矛盾。追求逻辑一贯，在这里意味着对理性的绝对忠诚，为此他敢于冒天下之大不韪，这种忠诚是真理最内核的部分。与追求"彻底性"相对的，是另一种风格的思想家，他们毋宁是更有"健全的常识"，他们能够在尽可能宽广的范围内揭示事实的多样性和丰富性，以绝对"忠于事实"的精神去把握世界。为此，他可能建立了一个很复杂的解释框架，但这个框架在内部往往是自相矛盾的、无法一以贯之的。与绝对忠于理性的"疯子"相比，这种绝对忠于事实的极端形象就是"白痴"。在哲学上人们喜欢赞扬亚里士多德具有更好的常识感，赞扬的就是他对事实的敏锐和忠诚，与之相对，他的老师柏拉图在体系的一贯性上则更胜一筹。因为我们知道，常识的最根本特征就是它对一切都有一个解释，但它的内部充满着自相矛盾。例如，我们知道，在世界各地的谚语中，总是充满着相互矛盾的命题，这些命题每个都似乎很有道理。理论如果放弃追求逻辑一贯，就意味着放弃了自己的立身之本。有段时间，英美哲学史上出现过反"体系化"的潮流，认为试图建立哲学体系乃是形而上学的表现，他们鄙视写大部头著作，以写短论文自豪。这种观点显然是荒谬的，它不过是在为自己没有能力和信心辩护，变相地承认自己只能干次一等的工作。

当然，更忠于理性（偏于真理的融贯论）和更忠于事实（偏于真理的符合论）只是风格上的差异。而越伟大的思想家，总是意味着他越是能够将两者都推向一个极高的境界。这意味着，一方面，这个思想家天才般地将丰富的内容纳入了他的概念体系，给予了它们强有力的统摄，即给予了它们一个逻辑一贯的、令人信服的解释；另一方面，他敏锐而充分地容纳了事实的丰富性，对异质性事实给予了充分的尊重，这使得他的思想内部又充满了丰富而迷人的内在矛盾。例如，康德就属于在这两方面都极为出色的哲学家。这些思想中的矛盾不是纯粹消极的东西，它们是深刻和伟大的矛盾，构成了哲学发展的内在动力，后来的哲学家能够通过将这些矛盾推向极致，从而在新的框架中解决这些矛盾，即给予它们更合理、更融贯的解释。这也就是我们通常说的"矛盾是事物发展的内在动力"所表达的意思。

事物就其自身而言是充满矛盾的。例如，对人而言，纯粹的事实，就是纯粹的矛盾，因为这些事实彼此之间毫无贯通之处，它们都是不可理解的、不透明的东西。而理性的理解和说明的努力，就是以一致性的方式去把握这些彼此异质、断裂的事实。由于人的理性能力的有限性，所以他在把握事物的时候，就十分类似于一个园丁用一个铁丝的框架去固定他的盆栽，而那些盆栽的自然生长的力量常常会挣脱框架的牵引。这种自然生长的力量，就类似于对象的事实性或事情本身的力量，它总是挣脱我们理性把握的努力，暴露出其揭示的不足和矛盾之处。当你束缚着一棵盆景横向生长，那么如果在你没有完全束缚住的地方，枝干就会在纵向方向生长出来。理性的工作是要建立一致性，而世界本身却是绝对的不一致性，当思想家建立一个一致性的把握体系时，那不一致的东西就会从理论框架的缝隙处到处泄露出来。举例来说，我们会试图用概念去把握一个对象，但我们总是会发现，这个语言无法完全"切中"这个对象，因为语言是抽象的、普遍的，而对象是个别的、非同一的。我们将一种情感称之为"愤怒"，但是就对象本身而言，并不存在这样一类具有如此这般规定性的情感，而是每种情感都是千差万别的，将之称作"愤怒"不过是理性的把握方式。知识的起点是确立"$A=A$"，但自然界恰恰是"$A \neq A$"。因此，我们的把握就一定会是漏洞百出的。现代哲学所谓的"解构"本质上就是这样一种工作：任何理论体系，不论它多么完备多么漂亮，总是必定存在这样一些问题：要么它逻辑一贯，如水晶般透明，那么它必定要面对大量它无法解释的事实，这些事实将证明这个思想体系是以对另一些事实的暴力排除、压抑为条件的；要么它在一个综合性的体系中，内部包含了大量无法融贯的矛盾和裂隙，因此，只要我们揭示这些裂隙，暴露出理论自身内在的不一致之处，我们就能解构该体系。解构的工作本质上是事物自身的工作，而不是人的作为，因为无论人的理性力量多么强大，事物自身总是可以反过来证明，它对于彻底把握事物来说是不充分的。因此，我们可以把哲学中理性批判的工作和解构的工作当作两种相互补充的活动：批判的活动是重建一致性，而解构是拆解一致性；重建以拆解为前提条件，而拆解最终是为了重建。

今天，科学知识的进步容易导致一种人类的狂妄，以为人可以摆置、操纵自然，甚至设想有一天可以如同造物主一样去创造一切乃至生命。对此，人们谈到"敬畏自然""敬畏生命"这样的字眼。但这样的字眼不是违背了自启蒙以来的科学精神和理性精神吗？在一往无前的科学和理性面前，没有什么是需要敬畏的，因为一切都是可被认识的，最终可被知识和理性之光照耀的。例如，医学就其作为医学而言说的恰恰不是"敬畏生命"的语言，它是要将生命视作研究"对象"，放在显微镜、冷冻电镜下去研究，去揭示它最终的秘密。说敬畏自然和敬畏生命，某种意义上像是在说，在自然和生命中有禁区，有我们需要膜拜而不是居高临下去解剖的东西，这显然是限制科学的非科学的精神。不过，在笔者看来，如果谈到敬畏自然、敬畏生命，并不是要否定科学的一往无前、"逻辑一贯"地把握对象的努力，而是在推进这种无限的工作中，意识到人最终只能无限趋近于它，但却不可能彻底把握它。而这就要求我们对生命和自然保持敬畏，承认人自身的有限性、理性的有限性，因而在实践上做出不一样的选择。例如，在基因编辑等基因工程方面，要承认人对生命的理解始终有其有限性，不能完全穿透它，因而在编辑、克隆等问题上保持十分谨慎的态度。如果你觉得可以用人工合成的生命体去代替自然生命体，可以敲除一段致病基因片段，用另一段完全人工编辑的片段代替，那就意味着你已经完全透彻地把握了该自然生命体或基因片段，后者对你来说保持为完全透明，所以你可以用人造的东西去超越它；但假如人对该自然生命体的了解不是绝对彻底的，假如该致病基因片段还承担着不为人所知的特殊功能，那么在这个过程中，科学可能就会制造不可预见的灾难。

传记的意义

今天的人们会出于什么样的目的翻开一本哲学家的传记？这是一个有意思的问题。在一些有着不寻常性格或经历的哲学家那里，人们可能想从中读到一些奇闻轶事或八卦，以作为日常谈资，或给讲授哲学时的枯燥增加一点佐料。有的人可能想从传奇哲学家的人生历程中寻找某种典范人格，或获得某种感召自己的力量，又或者有人仅仅出于好奇，想知道孕育那些伟大思想的哲学家究竟是个怎样的人物。但如果人们都抱着这样的目的去读大部分哲学家的传记，那他们或者可能会大失所望，因为以此来看大部分传记可能都是乏味的。除了少数像马克思这样非正统书斋式的哲学家，大概不会有传记电影会选择哲学家作为传主，他们那惊心动魄的历险主要封闭在思想着的大脑里。在格朗丹为《伽达默尔传》所写的引言中，一开头就提到了海德格尔关于亚里士多德生平的著名评论："关于哲学家个人，我们想要知道的仅限于他在某个时候出生，他劳作，然后他死去。"海德格尔的看法是颇具代表性的，它容易让人想到钱锺书先生有名的"母鸡论"："假如你吃了个鸡蛋觉得不错，何必认识那下蛋的母鸡呢。"如果你关心哲学家的思想，那么你应该去读哲学家的著作，何必去了解哲学家是怎样的人呢；如果你想从作为个体的哲学家那里学到什么，那你常常会发现不如去找其他更好的替代者，例如政治军事领域的英雄人物；如果你仅仅好奇是怎样的人物孕育了这种思想，那你可能很难逃脱钱锺书先生的讥讽。

有一种较弱的辩护，体现在许多不那么典型的传记作品中，他们自称为哲学家的"评传"或"学述"。人们读他们是为了帮助理解他的哲学思想：为了更好地理解这种思想，你必须了解思想家的生平、他的时代、他的生活世界，尤其是他是为了回应怎样的现实问题，才做出了这样的思考。更强的论断会说：你只有了解哲学家面临怎样的问题，想解决怎样的问题，你才能真正理解他的思想；你只有试着去理解哲学家这个有血有肉的人，你才能懂得他真正"想说"什么，才能理解他那些抽象而普遍的思考背后的真实意图。依此看法，哲学家和哲学就不是像钱锺书先生说的像鸡和鸡蛋那样可分离的。为了给自己从事的工作辩护，《伽达默尔传》作者格朗丹立刻对海德格尔的观点提出谨慎的异议："一种思想的出现难道不是对那个时代之焦虑的一种回应吗？这种思想难道不是内在于每个特定时代下接受这样或那样教育的个体的经历之中吗？哲学的任务难道不是去思考生活本身，去理解一种生活和一种思想是如何在它们的时代中紧密交织的吗？"

不过，相比这种谨慎的异议，格朗丹随后引用的法国哲学家斯蓬维尔的话——它听起来有些武断和激进——可能更有益于两种立场之间的争辩："实际上没有什么哲学，只有哲学家。"这就是说，在哲学（蛋）和生产它的哲学家（鸡）之间，不仅有是否可分离的问题，还有优先性的问题：一个哲学家是因为他思考了哲学，所以才是哲学家呢，还是因为他是哲学家，所以他所思考的东西才被称为哲学？这听起来像是柏拉图关于抽象的美和美的事物、中世纪唯名论和唯实论之争的现代翻版。倘若这样理解的话，结论就会是：只要我们不再赞同柏拉图式理念的优先性，那么我们就必须承认，总是哲学家优先于哲学，哲学不过是对个体哲学家之生命和所思所想的一种抽象、一种事后的建构。

于是，哲学家的传记在此意义上就具有了更特别的价值，这种价值甚至隐隐地凌驾于一切哲学经典著作之上：一切哲学思想，本质上是一种传记或学述；而一本好的哲学家传记，也总是哲学思想的呈现，而且是他更源初、更深不可测的呈现。按照德里达的看法，人们只有把握了哲学思想的传记特征，才能真正地进入这种思想。一本好的哲学传记，或对哲学思想的好的解读，应该无止境地向那作为自身性、专名、独一无二个体的哲学家还原，而不是从中读出某种普遍的思想。这就如同人们去了解一个所爱的人，不应把他的品质、特征、话语、思想当作他的化身，而是在他和他所拥有或给出的东西之间不断往返，以寻找通达他本人、他的名字的道路。本雅明在《单行道》中说："相爱的两个人在一切之中最眷恋的是他们的名字。"其实，与哲学家之间的对话何尝不是如此呢？正是在这种专名的意义上，德里达在《论生死》的研讨班中说："传记在今天应该被重估，也正被彻底重估。今天，一个哲学家的传记不再能够作为经验的偶然被考量,即将他的名字和签名放在提供给单纯内在哲学阅读的系统之外,借此人们可以在你们知道的装饰性和传统的风格下书写哲学家的生活,也不能够作为心理－传记被考量,这个心理－传记根据(心理学家、历史学家、社会学家等的)经验的机制来说明系统的起源。一般的传记,尤其是哲学家们的传记的新疑难需要调用不止一种新资源,而其中至少包括哲学家的专名和签名的新问题的资源。无论是(结构或非结构的)哲学体系的内在主义解读,还是哲学的(外部)经验－遗传学的解读,都绝不能如此探问这一在作品和生命、体系和体系之主体之间的动态边界。"

于是,哲学家的传记就具有了一种不可替代的价值,它与哲学思想的解读一起构成了保持张力的两个端点,召唤我们不断往返,探索两者之间的动态边界。我们应该不断地从哲学家出发去理解哲学,又从哲学出发去理解哲学家,并且最终总是返回到哲学家本人那里:对哲学家的思想的正确解读,永远不是从中读出了某种可表述的观念,而是从中读出了深渊。

断　章

断 章

1

生而为人是大病一场，死亡是病的痊愈。莫言说爱情是一场大病，但这不过是因为爱情是生命的极致、生命的乘方、生命的再生产。爱情是病中之病。

在宇宙中，有机体的出现是一个偶然的错误，死亡是错误的纠正。——这可类比于柏拉图"哲学作为死亡练习"的教诲。

2

单单通过话语改变一个人？那不可能，能够改变人的只有一起生活、共同经历。

如果话语改变了你，那不过是因为它刚好点亮了你暗哑经验中渴望它、趋向它的已经具有的东西。

3

神秘是必须正视、无法逃避的现象。区别只是在于，哲学家是将神秘放在他思想的外部置之不理，还是放在他思想的内部加以处理。那些被称赞为清楚明白的思想体系，仅仅在他们的体系内才是清楚明白的。如果把他的体系当作一个整体的解释，那么他可能是最神秘的。——现代科学就是这样的一个体系。

真正彻底的哲学必须将神秘纳入自身之中来处理，如果它不想陷入荒谬的话。根据哥德尔不完全定理，如果一个系统是内在一致的，那么它就是不完备的；如果一个系统是完备的，那么它就是内在矛盾的。

4

人"最大限度的可能性存在于自我放弃之中"。一切我们所拥有的，也构成对我们的限制，我们拥有得越多，我们就越寸步难行。因为有了房产，我们被束缚于一个城市；因为有了记忆，我们被束缚于一个人。我们在生命这张纸上涂写的东西越多，我们就越难以下笔。通过放弃，我们才获得全新的可能性。

四十岁以前，用所有的路来前进；四十岁以后，用所有的路来后退；等到八十岁的时候，人便回家了。

5

哲学只是人们对生命的恐惧的折射，是人的自我拯救，更是自我放逐。借助哲学，人们将黑暗、危险、禁忌、深渊重重封印。

感觉到没有？当你痛苦、战栗、绝望的时候，印有《纯粹理性批判》字眼的封条散发出镇魔的金光。

6

我们从来就没能将事物（对象）完全纳入自我意识的控制之下。极端一贯的思想通常意味着极端贫乏的思想。矛盾也意味着丰富性。

7

时间寄生于空间，就好像岁月寄生于古铜色的肌肤。古代的村庄、衰败的祠堂、陈旧的雕像是我们命运的中心，人们曾称它是无意识的原型，而意识不过是对它的重演。一种永恒的轮回，一个摆脱不掉的宿命。就像弗洛伊德说的，有些人的友谊总是以朋友的背叛告终，有些恋人的情感总是经过相同的阶段，走向相同的结果。思想总是想克服和消解形象与原型，到头来却发现自身不过是被形象和原型摆弄于掌心的玩物。

时间沉淀在空间中，而空间又在时间中展开。

8

语言是苍白的、无法通达他人的真实经验。试想，一个人一出生时就是红蓝色盲，他看到红色时产生的感觉，正是别人看到的蓝色时的感觉，反过来也一样。那么他根本不能发现自己是色盲，因为当产生红色感觉时，大人会告诉，那叫蓝色，反之亦然。因此，没有人知道你真实的感觉是什么，可能我们每个人对颜色的实际感受都是不同的。因为语言仅仅与形式有关，即只与感受的形式上的相似和差异有关。只有一个人看到红色和蓝色产生的是无差别的感受，他才能发现自己是色盲，因为现在他的感受的"形式"与别人不同了。如果有人所有疼痛的烈度比别人强一倍，但不同疼痛之间的比例关系和别人相同，那没有人能知道这一点，别人只会觉得这个人特别软弱或特别矫情。

一个残酷的事实：没有人关心你真正的感受，人们只关心或者说只有能力关心你的经验的"意义"和"真理"，即那能够用语言表达的东西。

人类的悲欢并不相通。维特根斯坦说，一个人看另一个人，好比在关好窗户的房子里看窗外人在狂风暴雨中行走，只觉得那人的行为如此奇怪，不明白他究竟遭遇了什么。

9

通常情况下,我们是在"阅读"这个世界,而不是在"看"这个世界。例如对面有一个人走来,我读出:这是某某某,这是一个"人"。因此,这个世界成为仅仅被阅读的贫乏的形式的世界。

没有人能避免给别人"贴标签"。"女司机意味着开车技术差"只是其中最糟糕的一种。思维是且仅是"标签化思维"。不过是不同程度而已,没有标签,人什么也看不到。

10

爱在屎尿中,民主在屎尿中,哲学在屎尿中。文雅的说法是,哲学扎根于生活世界。

11

如果你分离出了一个最好的东西,那就意味着你同时也分离出了另一个最糟糕、最无意义的废物残渣作为它的对立面。整洁漂亮到极致的现代城市,必然以肮脏、有毒有害到极致的污水排泄系统和垃圾站为条件。现代文明就像这样的城市,它的文明建立在看不见的、被有意遗忘的残暴之上。

雅典的民主文明以作为动物的奴隶为前提;撰写《论自由》、吹响资产阶级自由号角的约翰·密尔以一生效忠于东印度公司,可耻地美化英国殖民压迫的约翰·密尔为前提;《独立宣言》起草人杰斐逊以黑人奴隶主杰斐逊为前提;彬彬有礼的现代文明,以对其他物种的史无前例的残酷灭绝和虐待为前提。

"超我"越发达的人，它的"本我"就越强大到不可遏制，因为哪里有压迫，哪里就有反抗。神经症是现代理性的必然对立面和它的条件。莎士比亚说："这些残暴的欢愉，终将以残暴结局。"

康德从事物中提取了晶体般透明的知性范畴和道德法则，于是留下了"感性杂多"和"欲望杂多"作为废物残渣。胡塞尔从事物中提取了理想性观念（本质、艾多斯），于是留下了"质素"和"材料"作为废物残渣。

12

一切文化本质上都是记忆审查。

13

如果人只看到过一种颜色，那么他就无法认出该颜色。如果人一生只在一个地方生活，那么他恰恰最不可能理解这个地方。一个婴儿只有在看到另一个人后，才把自己建构为一个人。我有严重的耳鸣，但奇特的是，我只有在寂静无声时特意去寻找它，我才能听到那战机轰鸣般的声音。

正常人的精神结构和思维方式，对于常人来说就是这种战机轰鸣般的耳鸣，因为它持续存在，所以它对我们来说并不存在。

如果我的精神结构、时间经验是稳定的，那么我就无法认出这一稳定结构本身，只有在与异常结构的对比中，该结构才凸显出来。动物是人的他者，硅基生命是碳基生命的他者，精神病和神经症是正常人的他者，恰恰是以他者为锚，我们才知道我们是怎样的和我们在哪里。闵可夫斯基的现象学精神病学对经验的描述非常不同于正统现象学,正是因为他在与精神病的对照中,认出了我们习以为常、视而不见的现象。反过来说,懂得了正常机制的原理,也就为了解病态机制提供了参照。

14

现代人普遍有躁狂抑郁症倾向:一方面,贪心地吸收世界,但却停留在世界的表面和时间的当下,而不能洞察它。人们思维和感知亢奋并且迅速,但这并非真的聪明,而是一种病态的跳跃;另一方面,人们又经常间歇性地陷入抑郁,感觉生命没有意义。

15

如果对任何没有充分根据的东西我们就不要相信,那我们就什么都无法确定。知识的最初前提不是我们确凿无疑的东西,而是我们愿意选择相信的东西。知识的首要条件是"信任"的能力,而非理性的充分根据。

"包括我在内的这个世界是真实存在的吗?还是可能是一个幻象?"我们无法为这个问题找到一个确定的答案和根据,世界不存在的可能性始终存在着。我们始终无法完全排除我是"缸中之脑"的可能性。但问题在于,我们有无数迹象表明这个世界可能的确是存在的,却只有极微小的概率表明我是一个"缸中之脑"。那么,我们为什么要为了这极微小的概率而烦恼呢?

因为找不到世界真实存在的充分根据而怀疑世界存在,

这是失去信任能力的强迫式神经症。就好像一个人总是为自己可能不是父母亲生的而烦恼不已：尽管自己的经验和亲戚朋友见证已经表明自己应该是亲生的，甚至尽管自己已经做了亲子鉴定，但出错的可能性总是存在的，我不是父母亲生的概率总是存在的！

16

现在很多的浏览器都有智能推送的算法，根据你的浏览习惯计算你的喜好，然后再"精准"地推送它认为你会感兴趣的内容。这总让我想到了一句话："如果你遇到一个傻瓜，不要去骂他，要鼓励他，把他培养成一个大傻瓜。"

智能推送的糟糕之处在于，他为我们建立了一个没有他者的虚假世界，于是人在自我的世界里螺旋式地向内旋转。现代人成为大独裁者，而智能算法就像一群只投其所好的佞臣。独裁者不听忠言失去了他的国，现代人不接受不同的信息毁灭了自己。

17

语词在很多方面都类似于货币，它们都是匿名的流通物，可以归属于不同人；它们都位于一个结构网络中，每一个都仅仅通过相对于他者的位置而被赋值；它们都是抽象的一般等价物，遵循等价交换原则而运作。例如，就像钱币可以兑换，我们也可以用一些词去解释另一些词。但就像钱本身不会生钱一样，语言自身也不会更新和创造意义。真正能创造剩余价值的是劳动，而真正能使语义增值的是现实生活、人的实践。

误以为钱能生钱,是资本的拜物教,而误以为太初有言,语言开辟世界,语言和世界同构,则是语言的拜物教。

18

机械式记忆类似于反刍式进食,而理解式记忆类似于细嚼慢咽地进食。越是有组织、有意义的内容,越容易被理解,因而也越容易被记住,那些完全被理解的内容则不需要记忆,因为它已经是你的一部分,而不是你要装入大脑的东西。相反,无意义、无组织的内容是很难记住的,它只能被硬记,就像人的名字和他的脸。记住一个人的名字和他的脸,就是记住了关于他最最重要的东西。

死记硬背一概被看作是糟糕的东西。这是片面的。如果只是死记某些知识,而不去消化理解,这种死记硬背是有害的,它把人变成两脚书橱;但有大量知识的学习方式是先硬记,在将来才慢慢理解。孩子不妨先硬背一些古诗古文和经典,理不理解尚在其次。想想婴儿怎么学会说话的:他们从来不是理解了词语及其语法规则才学会讲话的,他们只是不断囫囵吞枣,直到有一天才突然理解。

理解是克服他者的他异性的方式。因此去牢记而不去理解/和解就成为一种忠诚。"我理解了亲人的逝去",意味着我们已经克服了亲人之死的事件,现在亲人之死对我来说不再是肉中之刺。永远硬记,永远耿耿于怀,永远拒绝理解,这是将亲人持存于我们心中的最忠诚方式。当你不理解的时候,你携带着亲人活着,背着他继续存活,死去的亲人会频繁来到你的梦中,托梦于你,纠缠于你,他以独立于你的方式在你心中存活。当你放下的时候，他们将很少来到你梦中，他们消散了。此时，你赢得了自己，但（最彻底地、也是最后一次地）失去了亲人。

19

任何人总是在精神分裂和妄想症这两种倾向之间摇摆：或者偏于精神分裂，或者偏于妄想症，前者消散于世界中并趋于自我解体，后者内聚并趋于与世界割裂。被诊断为某种疾病，不过是他过于偏向某个极端的结果。尼采和克尔凯郭尔是精神分裂症患者，而黑格尔和胡塞尔是妄想症患者。福柯说，人人都是疯狂的，不疯是另一种形式的疯狂。

20

伟大的哲学著作和伟大的诗歌一样，某种意义上都是晦涩的。透明的文本（"早上好，吃过饭了没？"），只是它没有深入这个世界的标志。它没有从明白可解的世界那里看到仅仅可见而难以言说，并且第一次被言说的东西。晦涩的语言之晦涩，是因为它说着创世之初的语言。

21

科学语言不是对日常语言的绝对转换，而只是某种程度的转换。哲学家无法保持概念的绝对科学性和同一性、明晰性。那些超出这种明晰性和同一性的地方，就是我们要翻译的密码。那种超出和含糊，不是偶然性之物，也不是失误，而是本质性东西的无意识的显现。

如果你要束缚着一棵盆景横向生长，那么如果在你没有完全束缚住的地方，枝干就会在纵向方向生长出来。如果一个思想家以错误的方式在思考，那么，正确的东西就会从那个理论框架的缝隙处到处泄露和暴露出来。任何思想都在不同程度上是错误的思想：一种形而上学的思想。真理在无意识之中。

22

我们特别需要建立这样的意象：人类的时间和经验不是线性的、不断进步的、不断丰富和增长的时间和经验，而毋宁是我们总是拥有不同的经验，人类的进程如同在暗夜中前行，他只能以手中提着的灯笼的微弱光线，照亮身前身后的狭窄区域，那曾经被照亮的、被获得的记忆，最终将再次没入遗忘的暗夜之中。我们每得到一些东西，都意味着同时要失去一些东西。

在较为根本的意义上，我们不是比古人拥有更多、更好的经验，而只是拥有与他们不同的经验。就像我们不能说今天的语言比古汉语更进步、更好一样。

23

思想是一种技艺。犹如一个雕刻师，被思考的对象对他来说不是惰性和均一的无规定的材料，物是有自己的特质、生命力的，好的雕刻师首先要懂得石头的性质，感受它的生命，通过技艺而让石头达到其自身的完美表现，石头是他的朋友，乃至他的主人，雕刻是帮助石头完成他自己的使命。思想也是如此。

思想不是人的观念的强加，思想首先要学会和用以制作思想的物打交道，感受物，成全物，与物游戏。

24

我们的主观意图很少能通过表达而得到彻底贯彻。我们说出的永远要比我们想说的既更少,也更多。作家指责评论者在文章中读出了他没有想说的内容,因此曲解了他的文章,这是很没有道理的。因为他说出的要比他想说的要更多,而这又是因为我们的思想是用自然物来构造的思想。当你说"月"时,月的历史丰富性已经在这个表达中,尽管你没有想到它们。人不能阻碍自然物在我们的表达中的自身呈现。在这个意义上,我们的思想或表达充当了物自身显现的工具。但另一方面,因为语言是形式的和贫乏的,所以说出的又比想说的要少,所以才有"书不尽言,言不尽意"。

用以制作思想的语言,也就不是一个我们可以随意对待的东西。语言中有物,有世界经验的沉淀。语言不单是任意的符号系统、能指系统,仿佛它被称为"树"或"tree"是无所谓的;语言不仅是人为的,同时也是自然的,但我们只有思考到很深的层面时,才能体会到这点。

25

充分思考确定性、或然性、知觉等,是很困难的事。但是真正诚实地思考,或者试图思考自己的生活或他人的生活,恐怕更加困难。麻烦在于,思考这些并非令人振奋,而常常让人感到龌龊。由于它龌龊,所以它最重要。

26

敌人通常比朋友教给我们的更多,对你爱答不理的人,比殷勤讨好你的人更可信。德勒兹说:"与一个求爱者的缄默的解释相比,喋喋不休的友情所带来的沟通算不上什么。而与艺术作品的隐秘的驱迫相比,哲学所拥有的方法和善良意志算不上什么。"

27

如同爱情在繁殖和性欲中有其原始根源,刑罚在古老的复仇中有其最原始的根源,语言在动物的叫喊中有其最原始根源,这也是所谓的"回到初心"。这同时也说明,不忘初心是对的,但不是说我们就要止于初心。你出门的"初心"是你妈叫你买瓶酱油,但这不妨碍你想起家里没米,然后再扛袋米回家。

28

你看到眼前"这个"杯子,和你看到眼前这个"杯子",是不同的事情。当你看到"这个"杯子时,混沌"死"了;当你看到这个"杯子"时,独一无二的这个杯子"死"了。

婴儿刚生下来的时候,他看到一切,但又什么也没有看到。他需要完成两次决定性的跨越:首先,他要看到"这个"杯子,也就是说,他在混沌中看到了一个个别的东西。例如,如果我看到杯子,我就同时学会了把我自己和杯子区分来看,把杯子当作一个不同于我的对象(而这又首先要先完成对自我的建构),并且把杯子和背景区分开来看,与其他东西区分开来。于是,我才看到了一个有着无限丰富的细节和深度,我无法穷尽它的物体。——这是一个很不起眼但决定性的事实:物对人是不完全透明的，人不是上帝，即使是一个生物细胞，人也不能完全穷尽它，不能把它完全透明化。试图人工编辑生命的人总是忘记了这点。其次，他要看到这个"杯子"，即他要学会语言，学会将它当作一个概念或含义。这就是说，那个无限丰富而独特的对象，现在变成了一个抽象概念：这也是杯子，那也是杯子，就它们都作为杯子而言，它们没有区别。概念是有含义的，因为它有含义，所以是贫乏而抽象的。

把一个独一无二的事物看成一个"杯子"，就是学会辨认。学会看，就是忘记怎么辨认。人们往往在学会辨认后，就再也不会看了，现在，比画家更懂得看的，也许是婴儿。

29

在电视剧《武林外传》中有个情节，吕秀才通过问姬无命"我是谁"这个问题，成功地让姬无命自己杀死了自己。吕秀才说："当我用我这个代号来进行对话的同时，你的代号也是我，这意味着什么呢？这是否意味着你就是我，而我也就是你……"搅晕了头的姬无命愤怒地说："我要杀了你。"吕秀才问："是谁杀了谁？"姬无命说："是我杀了我。"吕秀才说："那动手吧。"于是姬无命卒。

让我们一本正经地讨论吕秀才挖的这个坑。

在语言中，"我"这个词的实际意义的建立依赖于两个方面：定位的"我"和在语言系统中具有语义值的"我"。后者使这个指示词区别于"你""他"以及其他所有语词，因而在语言结构系统中占据特定位置，即具有特定语义值，但这个指示词只有在具体处境中被运用时，才获得了实际的意义：这个此时此刻说话的我。因此，如果只谈"语义值"，那么"我"指的是"说话者对自己的指称"，于是吕秀才和姬无命都可以用"我"这个代号来指称自己。但当"我"作为指称、定位时，此时此刻说话的我如果是吕秀才，就不可能是姬无命。只有同时考虑语境，语词的实际意义才完全确定下来。在一段讲话或一篇文章中，用以指示的词如"这个""那个""你""我"和所有的概念（通名）一样，实际意义都是模糊变动的，只有放在特定的语境中，依靠实际的指示活动才能得到锚定。语言依赖于指称，依赖于非语言的情境。

在语言中，专名就属于这样的锚。专名（如"姬无命"）作为让语言与现实相关联的锚，使语言不再在语义之海上漂泊。没有专名这样的指称或指示词，语言就是空转的。专名的特异之处在于，它是绝对的抽象，也是绝对的丰富：因为专名没有含义，没有定义，所以它是抽象的；但因为专名指向那个独一无二的、具有无限丰富性的对象（而不是试图将它转化为贫乏的概念），所以它又是最丰富的。这也就是为什么本雅明说："相爱的两个人在一切之中最眷恋的是他们的名字。"因为除了名字，其他的一切都意味着对爱人的抽象和贫乏化。所以，一个军官记不住手下战死士兵的名字，是不可饶恕的罪过。纪念死去者首先就意味着去记住他的名字和面容，不要把他变成面目模糊的东西。

30

一切观点都是偏见，因为它总是带有特定视角，只能看到那个视角所能看到的。如果你谈一个东西，你永远不能穷尽地谈论它,所以你总是会留下无数的空白和漏洞。从是否充分的角度看,再伟大的学说也是充满缺陷的,去寻找伟大思想可以补充或完善的方面常常不是一件很困难的事情,只要你能达到同样的视野高度,即看到同样的东西。

人不能看到和想到所有方面,也不能在有限的话中说完全部的真理。但前者的范围比后者还是要大得多:和伟大思想者所看到和想过的东西相比,他说或写出来的东西只是海面上的冰山一角。在这个意义上,每个思想家都有他的秘密思想,只是这个秘密思想随着思想家的去世就彻底消失了。

31

现代生存就是诱惑生存。游戏以及所有商品都贯穿了某种诱惑和沉迷技术,以造成人们对它的依赖。在这种诱惑和制造欲望的普遍情形下,人需要特别的努力才能不迷失自己。

在近代以前,成瘾是并不常见的现象,而且基本上是物质上的成瘾。现代资本为了利润的最大化,力图将开发出一切可能使人上瘾的手段,其中精神成瘾尤为突出。对资本来说,越是能够使消费者成瘾的生意,就越是好生意,人们称之为"产品黏性":粘上了你就别想跑。为了持续地产生诱惑,他们会深入研究消费者的心理,精心地设置每一个步骤,如同高明的骗术。杨德昌在电影《麻将》中借主人公之口说,骗人最重要的秘诀在于:人们都不知道自己真正想要什么,只要你告诉他们,他们想要的是什么,然后把这个东西提供给他,你就发财了。这其实也是市场经济的基本原则。无数的广告、杂志、宣传品,都在反复地向人们说着同一个声音:"你应该要这个!"

人的欲望本来是恒定的，所以为了实现这个目标，商业社会就需要制造、激发出人们原本并不存在的欲望。为此，至少有如下典型的诱惑策略：首先，他们不断地用包装好的、美化的东西刺激、诱惑你的感官。例如，在正常情况下，你如果不饿，对食物就不会有特别的欲望。但是，假如总是有香喷喷的美食（或美食照片、视频）在你眼前诱惑你，就会不断勾起你的欲望，并且让你吃下很多你本不想吃的东西。其次，人的基本心理就是喜新厌旧，因为一切最终都是令人厌倦的。为此，制造诱惑就必须持续地提供新的刺激，在你的厌倦到来之前提供新的替代。手机、网络为什么容易成瘾？因为它有近乎无限的信息刺激，人们放不下手机，是因为总是有新的东西可"刷"，有新的游戏可玩。假如你看一本书，就很容易令你厌倦，因为它是单调的、有限的，而且书的文字远不如视频、图像给人以直接的刺激。商品和游戏的持续更新换代也是一个例子，为了吸引消费者，它需要持续地开放新功能，提供新卖点。这个"打怪升级"的道路永远没有终点，所以人也就永远乐此不疲。再次，为了刺激欲望，人们还采取约束欲望的方式，而约束欲望恰恰是为了欲望的最大化。性诱惑就是其中一个例子。为了让性产生诱惑，人们总是事先压抑和掩盖它。真正的色情恰恰不是裸露，而是恰当地掩盖以制造想象。举个例子，若隐若现的短裙是充满诱惑的，但沙滩或游泳池里裸露更多的比基尼并不那么诱惑。商家为了刺激欲望，会制造所谓的手工版、限量版，搞所谓的饥饿营销，本质上就是把产品变成被偷窥的"春光"，从而约束欲望以制造欲望。一切所谓的"名牌"本质上也是如此，因为名牌要通过高价格来彰显身份和制造稀缺性，它之所以"好"（值得欲求），只是因为它"少"，而不是因为它的质量更好，至少不主要是。奢侈消费的要点是"只买贵的，不买对的"，因为只有贵能制造差异，彰显身份。

所有的企业和商家都声称，他们努力提供产品和服务，是为了让人们的生活更美好。某种意义上这是对的，但前提在于，只有人们恰当地、协调地使用它们，它们才能让生活更美好。而浸透商业社会的诱惑和成瘾机制，使人们协调自己的欲望变得越来越困难。柏拉图描绘的欲望受理性驾驭的灵魂，越来越普遍地变成了欲望不受控制的脱缰狂奔。这个世界会好吗？我不知道。但也许每个人都应该警醒自己，这个五光十色的世界对人来说是危机四伏的。

32

为了要能够欢迎他人，我们要有有门有锁的家；为了要能够承担对他人的责任义务，我们要有幸福和自由。

33

一个伟大的思想并不意味着它背后的思想家一定有一个伟大的道德人格，至少在西方语境中是这样。雅斯贝尔斯曾经感叹过，他很难理解，为什么那么伟大的思想，会诞生于道德人格如此平庸的海德格尔身上。但问题在于，"道德"的评价对于思想家的生命而言可能并不是十分关键的衡量尺度。甚至我们会说，一个"伟大"的人格可能不必是一个崇高的"道德人格"。在这里，是否足有强有力、足够富有艺术性、足够独创和典范，可能才是更好的标准。也许应该承认，伟大的思想家有权重新思考和界定道德的尺度，而不能仅仅被固有的道德尺度所评判。

有些时候，我们可以像评鉴艺术作品中的人物形象一样，去评鉴思想家们：有充满缺陷的英雄、有富有魅力的恶棍，也有标准但却平庸的好人。我们可能不认同某些思想家的一些做法，但却不得不钦佩他们强有力的生命力和独创的个性。在这个意义上，我们必须指出，一个伟大的思想家，必定是一个"伟大"的人，因为，要创建一种堪称伟大的思想，必须要有常人无可匹敌的心理能量的力度和持久度。

34

某曾面聆领导教诲：越身居高位的人，通常越少抱怨，越底层的人越牢骚满腹，所以想成功请从停止抱怨开始。这是对的。但还要思考这种现象背后的因果逻辑是什么。很多时候，人们不是因为很少抱怨所以身居高位，而是因为身居高位所以很少抱怨。

35

人们所谓的认识本质上都是再认识。例如，当你在说"我认识这种花"时，你不过是认出（再次认识）了这种花：只有你之前已经认识了它，才能再次认出它。

但还不限于此，关键在于，我们总是先以感性的方式认识了它，然后才在意识中认识它并且知道自己认识它。用胡塞尔的话来说，我们总是先以被动的方式认识了某事物，然后再以主动、明确、觉知的方式认识了它。

当你看到这朵花时说:"这是什么花?我不认识"时,你就是在第一次以不认识的方式认识了它。这颇类似于两个人已经打过了交道,然后直到有一天,俩人终于交谈、握手,一个说:"正式认识一下,你好,我叫某某某";另一个回应:"你好,我叫某某某。"

对于学习者来说,他觉得这好像并不是实情,因为在学习时,老师向他们展示了某个事物,并且同时让他们认识了它,因此他的第一次认识不是再认识。但这是因为学习者本身就是"再认识者",他通过学习去认识别人已经认识了的东西。对于原创建者来说,当他真正认识一个事物前,那个事物必定已经无数次地在他眼前晃来晃去,和他打过很多次交道了。

维柯说,诗人是人类的感官,而哲学家是人类的理智。照这么说,哲学不过是对已经被文学家认识过的东西的再认识罢了。

36

我有一种可能十分偏执的审美倾向:我喜欢自然而原始的东西,而讨厌人工的整齐划一的东西。我十分不理解,为什么人们那么喜欢人工修剪的园林,喜欢将树木剪成球形、矩形,喜欢强迫症式地请工人将草坪中将野生的草一颗颗拔除出去。我感觉这里除了蕴含着强制、暴力的美学原则外,还蕴含着某种一眼望到底的贫乏的透明性——简言之,乏味。

当你在看人工园林时,你是十分省力的,你的目光遇不到阻碍,它们不会反抗你,它们顺从地被匍匐成你所熟悉的样子——人为的样子。但是在你看纯粹自然的事物时,例如在你看原始森林时，你发现它们不规整，它们充满着无限丰富性和差异性，你看不透它，严格来说，它是无意义的。但正是这种"无意义"，能够生发出无数意义，使一切意义得以可能。原始自然是丰富、迷人、深不见底的。这意味着，你可以从任何一个细部出发，无限地向前进展，以至于从中看到整个世界或一个世界的折射。作家刘亮程说，有的人去过很多地方，但却看到的是相同的东西，而有的人一辈子呆在一个地方，看到的却是不同的东西。他能从盯着蚂蚁一整天，能在一个村庄中看到无限的丰富性，是因为那些东西是自然的。人为的东西，如果不能很好地去保存、协调乃至发掘自然的东西，很难不流于浅薄。真正伟大的人工制品，不是去塑造自然，而是去彰显和成就自然。

现代人工园林的变态嗜好，让人联想到了中学老师要求同学们概括"中心思想""段落大意"的噩梦。在这种教育精神看来，不仅一段话可以归结为一句话，一篇文章乃至一本书，都应该和可以还原为一个意思。于是，我们仿佛只要把握了这个意思，我们就把握了这篇文章。这真是没意思透了。这种文章不是味同嚼蜡吗，它不是变成了一个概念或思想的图解了吗？于是，我们看到里面的人物变得脸谱化、扁平化，里面的一切花招都变得按部就班和虚张声势。

好书是有无限意义的，它甚至不像一棵挺立的乔木，而像枝蔓横生的灌木丛，它的每个字反对另一个字，每段话抵抗另一段话。

37

对一切事物的描述和分析，都要注意莱布尼茨的连续性原则：自然从不跳跃。之所以需要注意该原则，是因为思维的本性是跳跃。例如，自然界并不划分，一切划分都只是人为的，人们为了理解和操纵之便，通过划分使对象留下清晰锐利的边缘（A=A）。概念如果要作为概念，就必须清晰，而这就意味着，人们必须在两个对象的之间犁出不可跨越的鸿沟。植物概念必须与动物概念有截然的区分，但自然界并不划分植物和动物，在典型的植物和典型的动物之间有无限的连续性过渡，在人和动物之间也有无限的连续性过渡。叶子作为概念是同一的，但大自然的叶子并非按照概念的样式被造出；相反，叶子的概念只是对事物的无限丰富性的抽象。语言永远无法切中事物。

所有意识类型之间都有无限的连续性过渡。只要贯彻这个原则，就可以写出一打批评经典现象学分析的文章。

38

画家和摄影师要向政治献媚是比较困难的，他们很难赤裸裸地歌颂。想清楚这一点，就能弄懂很多东西。

39

缺乏鉴赏力的天才作品是"质胜于文"，它趋近于原始的自然（如同鸣啭的夜莺）；缺乏天才的鉴赏力是"文胜于质"，它趋近于思想的图解（如同政治讽刺小说）。

40

如果一个人对某事感到无聊，那是因为他觉得自己不无聊，或者说他觉得自己的生命很有意义。但是，假如有人对自己感到无聊，那么万事万物都立刻全部是无聊的。对于那些心丧若死的人，一切有趣的东西都不能激起他们的兴趣。而奇妙的是，常常那些觉得自己很无聊的人，会让别人觉得他很有趣；而一个觉得一切很有趣的人，在前者眼中恰恰是极端无聊的。前者是大人，后者是儿童；前者是深思明辨的读书人，后者是智识平平的普通人。恰恰因为儿童觉得过家家很有趣，使大人觉得他们的游戏加倍的无聊。风趣幽默的崔永元得了抑郁症，因为他觉得自己每天的工作就是逗这帮无聊的人开心，实在太无聊了。

海德格尔说，最深的无聊是没有对象的无聊，是存在本身的无聊。的确，存在本身是无聊的，世界是一片荒漠。整个世界的基本特征是：就每件事情单独来看，它们都充满意义，但将它们作为一个整体来看，它们就立刻毫无意义。或者说，每件事如果你从表面去看，它们充满意义，但如果你透彻地看，它们其实毫无意义。"生是过客，跋涉虚无之境"。

对于那些精神永远不安的人，笔者的建议是：承认虚无，经受虚无，克服虚无，人要强大到自己将意义之光植入存在的荒漠上，点亮存在的意义。

对于那些从来不为意义问题苦恼的人，笔者的建议是：不用去思考生命的意义是什么，去爱你所爱的一切，尤其要爱你自己，永远不要失去爱的能力，这样你就永远不会被无聊的恶魔追上。

要么做前一种人，要么做后一种人，那些在两者之间的人，都掉入了无聊的深渊。

41

有机状态和无机状态是非常有用的隐喻。例如，意识是有机的，无意识是无机的；哲学是有机的，历史是无机的；体系式写作是有机的，格言体写作是无机的；集权是有机的，民主是无机的；结构是有机的，解构是无机的；自由是有机的，正义是无机的；等等。

有机的特点是以约束的方式，将所有的能量凝聚起来，围绕一个中心去释放；无机的特点是所有能量是不受约束、各自为政的，即是完全自由的，但恰恰因为这种自由，所以它们处于瘫痪状态和绝对受约束状态。生命是将无机转为有机，而死亡是使有机退回到无机。有机体本质上是无机物，两者是同一个东西，因为有机体不过是无机物的有序组织状态。

有时你会度过非常无机的一天，时间在漫无目的中度过了，好像每个时间瞬间都在各自为政；有时候你会度过非常有机的一天，时间如丝缎般顺滑，因为你用这段时间完成了一件事情。但你常常会迷茫，不知道哪种方式才是在浪费生命。其原因或许是：生命的本质就是浪费，不做无聊之事，何以遣有涯之生。

42

人们给人下过很多定义。这里我愿意往其中加上一种：人是穿衣服的动物，或者说的更明白一点，人就是他所穿的衣服。想象一下，一个省委书记，一个教授，一个农民和一个乞丐在一个澡堂子里，裸裎相对，谁也不认识谁，他们之间会是怎样交往模式——他们好像不是把衣服脱去，而是把"人"这件外衣脱去了似的。

最初的时候,所有人都赤条条地来到世上,他什么也不拥有,只拥有自身。当人一件一件地把衣服穿起来时,慢慢地,人好像拥有了一切,但失去了自身。身体是什么,不过是衣架子罢了,身材好的人有个好衣架,身材不好的人反之。

当然,这个定义并没有什么新意,它不过是重复马克思关于"人是一切社会关系的总和"的定义罢了。但这个新定义可以让我们再多思考一点什么。例如,当人之为人,意味着他的整个社会关系时,是否意味着人同时失去了自己?这里有着某种十分深奥的悖论:如果人不穿衣服,那么他将只是动物而不是人;但如果人穿上衣服,那么他可能会成为衣服而不再是人。

成为人,总是意味着一件危险重重的事情,因为人必定是这样,他要以失去的方式才能得到。克尔凯郭尔把这个叫作"或此或彼"。

43

恋人间的絮语犹如精神的爱抚,说的人并没有说出什么,听的人也没有听到什么。这是一种没有信息的语言,反对能指和所指,放弃"认同综合",但也正因为此,它是最纯粹的话语:作为爱的纽带的话语。它适用于这句话:"不要试图去理解它,去感受它。"

如果你想把握别人话语的含义,你就必须居高临下,这种居高临下破坏了爱意。每一次你去理解别人的话语,如果你不说出你的理解,你就是"缺席审判",对方在不知情的情况下被你处以极刑；如果你说出你的意见，你可能会遭到对方的起身抗议，于是，就有一场控辩双方的斗争；如果你说出意见，并且对方也表示同意，那么你们就成为相同者，于是一切索然无味，因为人和自己的相同者没什么好说的。

44

人与人最好的关系，是自由而温暖的关系。当今，这种关系较难找到，在城市里有自由、无温度，而在农村则有温度、无自由。

在城市，你自由得如同身处广袤冷寂的宇宙中，他人像是和你隔着亿万光年的另一颗寒星。

城市生活的奇特之处在于那些门。在门外，你不认识任何人，任何人也不认识你。你们的交往完全被一种叫作规则、契约的东西支配。每个人都是有着一定权利义务的有理性的经济人和法律人。概言之，在门外，起支配作用的是道德和法律的冷漠关系，基本法则是等价交换、公平交易、互不伤害、两不相欠。在门内，你可能有一个家，家里有你们彼此熟识的人，你们之间从不理账，既彼此温暖，又彼此约束和纠缠，这里支配着的是既庇护人又禁锢人的爱的伦理关系。

但城市生活依然远好过中国农村的生活，农村几乎没有门，没有人在白天把门锁着，白天锁门意味着偷偷摸摸、不可告人。农村生活往往既让你感到关爱，更让你感到窒息。

人所希望的自由而温暖乃是，人人都有上锁的门，但所有的门也是随时准备敞开欢迎的门。

45

儿童并非想象力最丰富，他们只是想象力最奇特罢了。因为想象力的翅膀需要一个像空气那样既帮助它又束缚它的东西：知识。过少的知识无力去想象，过多的知识束缚了想象。人在二三十岁时，正处于知识的最佳比例和想象的最佳阶段。而对一个民族来讲，如何调节这一点，让自己处于黄金时期，就需要特别的智慧。

46

以一种方法为工具去看事物，那么它能看到的就只是这个工具所能够处理的事物，它预先假定了不能被这个工具所处理的事物就不会被看见。现象学方法的明智之处是，它是一种反对方法的方法。反对方法的方法意味着思辨：对象第一，方法第二，主体总是因对象而改变，以适应对象的呈现。但自然科学家们也是不自觉地这样做的，当他们用一种理论解决不了问题时，他们就重建一个新理论。

主体为了要服从于对象（以认识对象），必须先让对象服从自己，就像理发师要为国王服务，必须让国王低头服从自己。但事情最终会演变成奴隶借此翻身变成了主人：科学通过服务于认识自然而反过来成为自然的主人。

47

好的虚构作品（如影视剧、小说）之于生活，就好像实验室之于现实，松土的犁耙之于土壤，它们不但让我们更清楚地看清生活的真相（因为它更虚假，所以它更真实），还为我们揭示了不同生活的可能性。它将我们从缺乏想象的贫乏板结的生活中摆脱出来，帮助我们探索生活的更多可能形态，从而激发我们以新的眼光去看待生活和展开生命。好的虚构作品启人深思、催人奋进。

次等的虚构作品像一个单纯的梦，它构建一个虚假的空间，只是为了让人们逃避现实而沉浸于虚构之中，它以其虚构的美好，衬托出现实的平庸和难以忍受。如果你看完一个电影或读完一部小说，感觉就像是一个梦醒了，接下来需要鼓起勇气面对乏味的现实，那么这样的虚构作品不会成为你生活的能量源泉，而只会成为你逃避现实困难的麻醉剂。就如同很多爆米花电影和爽文套路的网络小说，它只是给予你虚幻的满足，而不探讨现实的可能性。

今天诸多文娱产业都以构建虚幻的梦为目标，以让人们摆脱劳作的艰辛。"生活已经如此艰辛，为什么还要去读那么沉重的小说，看那么沉重的电影呢，放松放松，图个乐就好。"于是，人们的生活就日益划分为两个不相干的部分：苦难的现实和美好的虚幻，艰辛的工作和轻松的娱乐。

48

一切哲学家的普遍特点就是：他象白痴一样地开始工作，然后得出像疯子一样的结论。

49

世间最英勇的行为也许是选择做一名诗人，因为这意味着，去让自己的心尽可能成为易受伤害的。诗人向生活裸露自己,就像没有盔甲的战士穿行于战场,他的笔不是保护自己的武器,而是记住和理解自己疼痛和幸福的工具。

50

当我沉浸在游戏中时,时间仿佛过得特别快,仿佛存在的重负被暂时卸下了,我们仿佛不必体会每一瞬间中存在所压在我们身上的重担。在游戏中感觉不到存在的重负,这恰恰是因为游戏是自由的、轻松的,充满"意义"的。在游戏中我们不需要"努力"去游戏。列维纳斯说,努力与游戏格格不入。因此,如果我们在劳作中感受到自由和愉悦,那是因为以游戏的方式对待它,不是把它当作手段,而是把它当作目的本身。

现实世界和虚构世界的区别就在于,前者那里没有魔法。魔法奇迹的特异之处不在于奇遇与巧合,而在于它可以免除每一个瞬间的劳作和努力,它挥一挥魔棒就可以造出一座城堡,它可以跳过平淡、重复、机械的环节,它可以说:"王子和公主从此过上了幸福的生活。"

艺术作品中的时间是魔法的时间:在那里时间飞逝,情节与情节之间的空白可以一跳而过,时间本身纯粹的质、它那粗糙的颗粒可以被忽略。在没有故事发生的地方,作者可以一笔带过:"春去冬来,一晃十年过去了。"这就是现实生活与艺术幻境最大的差别!在现实的时间中,我们必须承受和忍耐每一个瞬间的到来,在生存中我们无法跳过任何一个瞬间,这足以使痛苦的事件变得无比真切,使最幸福的时刻很快变得难以承受,这就是生活本身。

51

科学的本质是亵渎。在科学眼中,没有什么是应该被供奉和膜拜的东西,没有什么对科学来说是高高在上的、神圣不可侵犯的。在科学看来,一切都可以乃至应该服从于暴力的分析和解剖,让它们在显微镜、电子冷冻镜下被观察,在高温、高压、高能下被严刑拷打,以迫使它吐露自身的秘密。在科学中,唯有一个真正的主宰,那就是至高的理性。

生命科学家说,我们要敬畏生命。但是请注意,对生命科学本身来说,说敬畏生命是可笑的。如果生命是用来敬畏的,那么就没有生命科学,因为这意味着生命有权拒绝科学技术的探查。当生命科学家说敬畏生命时,他不是在以生命科学家的身份说话,他不仅是片面的生命科学家,他还是完整的人。

不要错认科学,把不属于它的东西归给它;但要规范科学,用人文来中和它的毒性。为什么在科幻作品中,常常有"疯狂博士"的形象,因为科学就其本身来说是疯狂的。贸然地对人进行基因编辑应该被谴责?不是因为它不符合科学精神,而是因为人对自己的理性做了过高的估计,变得狂妄自大,以为生命在他面前已经变得透明和完全可把握。

敬畏生命、敬畏自然,这意味着科学要学会谦卑,尤其是从事科学的人要学会谦卑。尽管科学理性在世界面前有无往不在的权利,但它只是人对待世界的一种的方式,而且是有缺陷的方式;而使用这种理性的人则是有限的、渺小的,人永远不能以为他的科学穷尽了世界的本质,无论科学达到多么昌盛的程度。不要忘记,人只能揭示宇宙无限面向的小小一角。

52

电影《信条》里有一句话广为流传：不要尝试去理解它，去感受它。这句话在生活中常常也适用：如果我恋爱，那么这个爱从头到尾被我们经历，但不是被我们知道；类似地，我生活，这个生命历程从头到尾被我们经历，但也不是被我们知道。如果我们多少知道它，也是为了更好地感受它。

53

在生物学或心理学中，为了获得快乐和使快乐最大化，人必须限制快乐；为了激发欲望，人必须通过遮盖和禁忌来限制欲望。在认识论中，为了看见，我们必须有所遮蔽（让背景虚化）。在政治学中，为了获得自由，人必须限制自己的自由。

这就是一切生命所面临的无可回避的困境，在地上没有极乐世界或完美世界，它们在逻辑上就是不可能的：人要么以失去的方式得到，要么以得到的方式失去。

54

死去活来的爱情与现实生活是不相容的，它是黑夜的激情，散发着危险的气息，无法见容于白天的法则。在爱情的红玫瑰和白月光之间没有一个完美的综合，结局的圆满会消除爱情的深度和浓度，使它变成一种琐碎的东西；唯有绝望和短暂才能真正保留感情的烈度，它是深刻爱情的必要非充分条件。

一个人的心力有其限度，一切持久的东西都需要以降低其烈度为先决条件，所以情深必不寿。又或者说，真正伟大的爱情只有一种：在恋人之间横隔着不可能性的爱情。

55

情感是记忆的沉淀物，如同沉积的落叶转化为腐殖质的肥力，而记忆或幻想又被情感滋养，如同营养液中培育的花。

如果把情感理解为心理能量，把意义（记忆/幻想/思维）理解为心理质量，那么在生命体当中，也存在着爱因斯坦式的质能转换方程：当记忆沉淀下来，它就凝结为情感力量；而当情感将自身转换为某种记忆或幻想的情节时，它就消耗着它的能量，或者说用它的能量驱动着记忆或幻想的运作。因此，弗洛伊德说梦是愿望或欲望的满足，这话未免狭隘；毋宁说梦是包括痛苦、焦虑、欲望在内的所有心理能量的释放。当梦在运行时，人的一部分心理能量消耗了，就像我们说，当木柴燃烧转化为热能时，有一小部分质量丢失了。

艺术家说得很对，当他们酝酿一部作品时，最初驱动他们的只是一种朦胧躁动的情绪，一种盲目的心理能量，而绝不是先有一个想要表达的明晰观念。此时，他们迫切地感到想要说些什么，但是找不到言辞，直到作品完成，要被言说的意义才第一次成形。就像做梦一样，艺术家为了释放这种能量，才去寻找某种合适的材料，以便把能量赋形在作品的幻象中，将之转化为凝固的质量。只有平静的人才会有无梦的睡眠。有才华的艺术家如同多梦的人，内心中有一团躁动着的能量之火，而作品，就是在质量中被凝固的能量。

大部分非器质性的精神疾病，都源于心理能量找不到合适的释放渠道。例如，一种心理创伤就是一团郁结的心理能量，如果它不能被理解和讲述出来，如果它不能转换为意义，就会表现为纠缠我们的梦魇，或妄想、癔症等症状。

人们说，当一个人心中有某种仇恨或某种雄心抱负时，他最好不要将他说出来，因为当他到处嚷嚷要报仇时，仇恨的力量就消解了；当他总把理想挂在嘴边时，理想就好像在言说中以替代的方式实现了。这正好是神经官能症的反面：一个是用言说代替行动，一个是用行动代替言说。鲁迅说："当我沉默着的时候，我觉得充实；我将开口，同时感到空虚。"

这个论断可以推广开来。于是，在所有意识形态、观念、理论的假面背后，人们发现了能量、力量的运作，例如，在一切道德或宗教背后，尼采发现了权力意志的变形；在一切上层建筑背后，马克思发现了经济力量的驱动。所有可见的质量不过是由不可见的能量转换而来，而一切自我隐藏的能量，都以可见的质量作为自身的面具。我们所见的世界，都是力的假面舞会，只有那些有着最毒眼睛的人，才能看到变换着的假面背后那不变的东西。

于是，我们就重新理解了赫拉克利特，并且皈依为赫拉克利特主义者：世界是一团永恒的活火，它在一定的分寸上燃烧，在一定的分寸上熄灭。

56

什么是偶然？偶然就是未被人认识到的必然。

古人觉得明天下雨还是出太阳完全是偶然，雷公雷母是不可揣度的天威，今天我们知道，它们完全是必然的，我们甚至可以精确地预测一片乌云的来去。因此，如果我们对一切具有充分的知识，人们就能精确预测世界的任何变化，包括我的每个举动，在我自以为自由的选择中看出一切已经以必然的方式被决定了。

但是，这一切并不妨碍我们具有自由意志，因为我们在行动时依然是自由决断的，只是当我们从外部反思性地分析，并且假定我们达到了对自己的完全认识时，我们才能看出自己行动的必然性。这一切就好像木头人的游戏：木头人总是自由地行动着，但每当蒙眼的游戏者回头看时，木头人就立刻定住不动了。

也许我一生终将失败，注定要失败，因而在蒙眼的命运之神眼中我不过是个徒劳的笑话，但这不妨碍我每刻都在自由地抉择，自由地与一切偶然性搏斗着，因为这是我当下体验着的不可取消的现实。

57

对人而言，完美的世界是不完美的，不完美的世界才是完美的。

完美的世界静止不动，因为它已经到达了它的顶点，所以它停在那里，否则它要去哪里呢？去更完美的地方吗？那意味着它还不够完美，还在欲求着完美；去不那么完美的地方吗？那只会意味着对完美的厌弃。人不同，人总是在折腾自己，在运动中忙忙碌碌地从一个状态奋力走向另一个状态，在他看来，现在的状态总还不够完美，但他永远达不到真正的完美。

神静坐在永恒的顶点，俯视着人的幼稚的活动，如同大人看两个小孩在下一场胜负已分的象棋比赛，只觉得孩子们的行为徒劳而可笑。然而，从某种意义上说，我们所有人每天都在玩着这种胜负已分、但只有游戏者不知道胜负已分的游戏。

我们乐此不疲，因为我们就是那些无知的孩童。

无知让我们快乐，无知也让我们自由，无知是自由的必要条件。

相比于无知且快乐的人，神是乏味的。个中原因也在于，智慧本身是乏味的。与人们通常以为的相反，智慧其实不会让我们快乐。智慧＝痛苦，能让我们快乐的，仅仅是爱智慧，是对智慧的追求。

58

在大部分事情上，人们都面临黑格尔所说的两难选择，做主人还是做奴隶：如果你敢于冒险，敢于斗争，那就是选择去当主人，此时你要么成功地当上主人，要么一败涂地；但如果你害怕生死斗争，那么你就选择了去当奴隶，此时你获得了安稳，但代价是劳作和服从。例如，选择创业就要冒破产的危险，如果成功了就赢得了支配和占有他人劳动成果的权力；如果没有这种勇气，那么就只能当一个打工人，由此他可以安稳地拿工资，就算企业破产也跟他没有关系，但为此他不得不服从老板的支配和剥削。在这个意义上，资本家的利润回报中多少应该包含了为生死斗争而得到的风险溢价。

类似地，在爱情的追求中，敢冒死追求所爱之人的人，选择了当主人，所以他有可能抱得美人归；而接受更爱自己但自己并不爱的人，选择了当奴隶，因为他不敢在爱情面前冒生死之险而战斗。

但我们也不是说每个人都应该选择勇敢地冒险，而是说，如果你对生活发起一场决斗，就要有被杀死的准备和觉悟。而一个在生命中不敢发起生死斗争的人，作为安稳的代价，将不得不接受生命中次好的东西。

59

一只公狗会欲望一只母狗或许多只母狗，它享受它们，但仅此而已。相反，一个男人不仅会欲望一个女人或许多个女人，他还会欲望女人的欲望，例如高大、帅气和八块腹肌，以及欲望男人的欲望，例如财富和权力。女人也是如此，她们不仅欲望男人，还欲望男人的欲望和女人的欲望。

在这个意义上，资本家之于地主、现代人之于古人，犹如人之于动物的蜕变。地主的核心驱动力是对享受的欲望，马克思说，"封建领主并不力求从自己的领地取得最大可能的收益。相反，他消费那里的东西。"然而，资本家的核心驱动力是对欲望的欲望，即对财富本身的欲望：他之所以欲望财富，是因为财富是所有其他人的欲望，而不是因为财富能给他带来物质享受（那些财富他早已几辈子都享用不尽）。

与古人相比，现代人也是如此。当吃好穿暖等物质享受变得对所有现代人都不再费力时，现代人行动的核心驱动力已经不再仅仅是对享受的欲望，而是对欲望的欲望，欲望的乘方。例如，如果你有一双让脚很舒适的鞋子，那么你只是获得了一阶的朴素的快乐；但如果你有了一双无数人梦寐以求的限量款明星签名鞋，那么你就获得了快乐的乘方，感到了犹如初次为人的战栗和狂喜：你成为别人欲望的对象，并且在其中感受到巨大的荣耀和权力感。一个购买豪车的人，他首要追求的多半不是安全或速度，而恰恰是他人艳羡的目光，当他人为欲望他的财富而匍匐在他脚下时,他就拥有了对他人的支配权力。让我去顶级餐厅吃大餐或国外海滩度假却不让我发朋友圈,这简直剥夺了我快乐的百分之九十!这里面有一种巨大而荣耀的权柄,这种权力的春药让人们获得了精神的高潮,这种欲望的快乐简直没有限度。

与现代人相比,古代的罗马贵族真是弱爆了,据说他们为了获得最大的口腹之乐而频繁地吃催吐药。但是,是否人的这种蜕变其实是一种堕落,或者说人之于动物,不过是一种更加无可救药的存在?我不知道。但从现代人的这种欲望放大器中,我仿佛看到了末日般的景象,就像一个实验动物被装上了快乐的按钮,只要它按住这个按钮,就可以持续而毫无代价地获得快乐,于是它终于在极乐中虚脱而死。

图书在版编目（CIP）数据

日常生活的现象学/黄旺著. — 上海：上海社会科学院出版社, 2023
　　ISBN 978-7-5520-4012-8

Ⅰ.①日… Ⅱ.①黄… Ⅲ.①现象学 Ⅳ.①B81-06

中国版本图书馆CIP数据核字（2022）第218049号

拜德雅·赫柏文丛

日常生活的现象学

著　　者：黄　旺
责任编辑：熊　艳
书籍设计：雨　萌
出版发行：上海社会科学院出版社
　　　　　上海顺昌路622号　邮编：200025
　　　　　电话总机：021-63315947　销售热线：021-53063735
　　　　　http://www.sassp.cn　E-mail: sassp@sassp.cn
照　　排：重庆樾诚文化传媒有限公司
印　　刷：上海盛通时代印刷有限公司
开　　本：1240毫米×900毫米　1/32
印　　张：10.25
字　　数：227千字
版　　次：2023年3月第1版　2024年9月第5次印刷

ISBN 978-7-5520-4012-8/B·328　　　　　　　　定价：78.00元

版权所有　翻印必究